国学经典

了凡四训

〔明〕袁了凡 著
弘丰 译注

光明日报出版社

图书在版编目(CIP)数据

了凡四训 /（明）袁了凡著；弘丰译注. -- 北京：光明日报出版社，2016.10
ISBN 978-7-5194-2267-7

Ⅰ.①了… Ⅱ.①袁… ②弘… Ⅲ.①家庭道德－中国－明代 Ⅳ.①B823.1

中国版本图书馆CIP数据核字（2016）第250423号

了凡四训

著　　者：（明）袁了凡	译　　注：弘丰
责任编辑：曹杨 刘景峰	责任校对：傅泉泽
封面设计：余微	责任印制：曹诤

出版发行：光明日报出版社
地　　址：北京市东城区珠市口东大街5号，100062
电　　话：010—67078258（咨询），67078270（发行），67078235（邮购）
传　　真：010—67078227，67078255
网　　址：http://book.gmw.cn
E-mail：gmcbs@gmw.cn　caoyang@gmw.cn
法律顾问：北京市德恒律师事务所龚柳方律师

印　　刷：北京德富泰印务有限公司
装　　订：北京德富泰印务有限公司
本书如有破损、缺页、装订错误，请与本社联系调换

开　　本：880×1230　1/32
字　　数：120千字
印　　张：5
版　　次：2016年10月第1版
印　　次：2016年10月第1次印刷
书　　号：ISBN 978-7-5194-2267-7

定　　价：24.00元

版权所有　翻印必究

前 言

袁了凡先生，本名袁黄，字坤仪；江苏省吴江县人，是明神宗万历十四（公元1586年）年进士，曾做过宝坻知县，对星象律、水利、理数、兵备、政治、勘探等都有一定造诣。

《了凡四训》是了凡先生在六十九岁时所作的戒子家训。

因此，这篇家训作为立命、修身、治世的教育经典，是了凡先生一生道德学问的涵养和凝聚，他以自己的亲身经历，现身说法，讲述了如何改造命运，心想事成。

了凡先生家居生活非常俭朴，可是却和夫人一起，在家境允许的范围内，力行布施；他个人修身是每天反省改过，诵经持咒，参禅打坐，不管公私事务再忙，早晚定课从不间断；在清心寡欲、无虑无求中祈天立命。就在这种修德养性的过程中，了凡先生为了教育儿子，积淀自己的人生，写下了四篇短文，当时命名为《戒子文》《训子文》。后来有识之士为了启迪世人，遂改为《了凡四训》，这就是后来广行于世的《了凡四训》的由来。

了凡先生作此《训子文》，旨在训导儿子，认识命运的真相，明辨善恶的标准，改过迁善的方法，以及行善积德、谦虚谨慎种种的效验。

所以这篇家训一共分为四部分：立命之学、改过之法、积善之方、谦德之效。

由《立命之学》篇，我们知道"一切福田，不离方寸；从心而觅，感无不通"，安身立命，无非看自己存心何处而已，所谓"命由我作，福自己求"，也如《诗经》所云：永言配命，自求多福。

由《改过之法》篇，我们明白改过者，要发三心——耻心、畏心、勇心。而人之过，有从事上、有从理上、有从心上改者，因功夫不同，效验亦异；告诫我们，过由心造，亦由心改，如斩毒树，直断其根，不要枝枝而伐，叶叶而摘，要直断其根，从心上彻法底源地改过。

由《积善之方》篇，我们清楚了善有真假、端曲、阴阳、是非、偏正、半满、大小、难易，所以为善要明理，否则不仅无益，还可能造业；《易经》曰：积善之家，必有余庆。虽然善行无穷，不能尽述，从本篇与人为善、爱敬存心、成人之美、劝人为善、救人危急、兴建大利、舍财作福、护持正法、敬重尊长、爱惜物命这行善的十方中，我们不仅找到了为善的下手处，如果真能够由此十事而推广之，则万德可以具备矣。

由《谦德之效》篇，我们懂得了唯谦受福，恭敬顺承，小心谦畏，受侮不答，闻谤不辩，天地鬼神，犹将佑之，无有不发者，是故谦之一卦，六爻皆吉。《书经》曰：满招损，谦受益。也如《易经》所云：天道亏盈而益谦，地道变盈而流谦，鬼神害盈而福谦，人道恶盈而好谦。了凡先生劝人要气虚意下，聚敛谦光，因为福有福始，祸有祸先，此心果谦，天必相之，所谓"凡天将发斯人也，未发其福，先发其慧；此慧一发，则浮者自实，肆者自敛"。还以道者之口云：造命者天，立命者我；力行善事，广积阴德，何福不可求哉？善事阴功，皆由心造，常存此心，功德无量……篇末再次谆谆教诲谦德之效验：人之有志，如树之有根，立定此志，须念念谦虚，尘尘方便，自然感动天地……况谦则受教有地，而取善无穷，尤修业者所必不可少者也。

这四个部分，其实都在讲修心而已。安身立命、改过修善很重要，而保持这种善根福德更重要，正如祖师大德说过"一分恭敬得一分利益，十分恭敬得十分利益"，"一切恭敬"，才能长久保持善根福德，所以从真实心中存有一份谦德尤为重要。

　　古来制定家训或家规是中国家庭教育的一大特点。《了凡四训》中立身、处世、为学、修德、立业的经验总结，越来越被后人誉为家教典范。随着传统文化的复兴，目前不仅被家庭接受，更被国内外许多企业乃至社会多个层面列为典范教材，了凡先生一生不是显官，没有做到高位，而日享盛名，可见其影响之深远。

　　清朝时期的"中兴名臣"曾国藩对《了凡四训》最为推崇，读后改号涤生，"涤者，取涤其旧染之污也；生者，取明袁了凡之言：'从前种种，譬如昨日死；从后种种，譬如今日生也。'"曾国藩还将此书列为子侄必读的第一本人生智慧之书。

　　近代著名的学者胡适先生则认为，《了凡四训》是研究中国中古思想史的一部重要代表作。

　　四百年来，这篇家训不仅流传于中国各地，为书香门第奉为"传家之宝"，也对日本政经界发挥了深远的影响力。

　　日本著名汉学家、阳明学大师安冈正笃先生，对本书推崇备至，他建议日本天皇及历任首相将此书视为"治国宝典"，应当熟读、细读、精读；凡有志执政者，应详加研究。

　　安冈正笃先生盛赞此书为"人生能动的伟大学问"，这篇中国家训不仅对当时明治时期的日本青少年，产生了巨大影响，迄今为止仍然深深教化着日本政经界的高层人士。所以，《了凡四训》对一百年来的日本社会，具有深厚的影响力，值得各界有为有识的精英再三研读。

　　和安冈正笃先生一样，日本著名的企业家，两家世界500强企业的缔造者、唯一健在的"日本经营四圣"之一（另三位分别是松下公司的创始人松下幸之助、索尼公司的创始人盛田昭夫、本田公司的创始人本田宗一郎）的稻盛和夫先生也对本书倍加赞誉。稻盛和夫在他长达42年的经营生涯中一手创造了两家世界500

强企业，却在退休时把个人股份全部捐献给了员工，自己皈依佛门，转而去追求至高财富。他认为，人生就是提升心智的过程。

　　稻盛和夫早年有幸读到《了凡四训》并将其作为人生指导。他后来在其著作中说道：我邂逅了袁了凡所写的《了凡四训》，顿时得到了顿悟的感觉，原来人生是这样的，在《了凡四训》当中写道：每一个人的人生其实事先都已经被上天所注定，大家都有各自的人生，每个人都会按照命运去度过自己的人生。但是人生当中肯定会遭遇到各种各样的经历，在遭遇到每次经历的时候，每个人心中怎么样去想，怎么样描绘自己的愿望。这种想法、信念，会改变一个人的命运，在中国会把它称之为"因果报应"，也就是说如果你心中想的是好的事情，你做的事情是善事的话，肯定会得到好报。相反，一个人如果居心叵测，做一些恶事，肯定会得到恶报。每个人要有关怀他人的慈爱之心，这样的话，你的命运肯定会转变，这本书中也写到人的命运虽然是天生就定的，但是并不是无法改变的宿命，而是可以改变的。所以，我得到了启示，从此以后，我就认为：必须要美化、净化自己的心情。

　　一位智者说："为人父母者，欲子孙贤孝，不染恶习，宜于子女同诵此书，则一室祥和，传家久远；为人师长者，欲学生品德纯正、学有所成，宜诵读此书，则师道尊严、教育落实；为官者，读诵此书，自能积功累德、为民造福；为商者，熟读此书，则取财有道、累富如法、大吉大利；受刑人熟读此书，则浪子回头，当下转念。"斯言诚哉！

　　近代佛门高僧印光大师，一生中极力提倡读诵本书，并不断地鼓励大家认真研究、实行、讲说，以培福修慧、净化人心。他创立的弘化社，印送本书约有百万册以上，足见它的重要性。

　　《了凡四训》篇幅虽然短小，然而寓理内涵深刻，兼融儒释道三家思想。

此次整理，我们辑录了印光大师为《了凡四训》所作序言及《了凡四训》旧序，并附录了《俞净意公遇灶神记》《袁了凡居士传》《云谷大师传》《重刻〈了凡四训〉跋》，以便我们更好地理解。相信大家在读过此书后，能够更深刻地体会了凡先生的人生经验，明白立命安身、修道立德的根本在于内而不在外，正如当代一位大德所说：求人不如求己。明白了，当下去做，从《了凡四训》入手，效法了凡先生，转无福为有福，转病夭为长寿，真正受持此书，改造自己的命运，自利利他，以身劝化，成圣成贤。

——编者谨呈

序 文

印光祖师撰

圣贤之道,唯诚与明。圣狂之分,在乎一念。圣罔念①则作狂,狂克念则作圣。其操纵得失之象,喻如逆水行舟,不进则退。不可不勉力操持,而稍生纵任也。须知诚之一字,乃圣凡同具,一如不二之真心。明之一字,乃存养②省察,从凡至圣之达道③。然在凡夫地,日用之间,万境交集。一不觉察,难免种种违理情想,瞥尔④而生。此想既生,则真心遂受锢蔽。而凡所作为,咸失其中正矣。若不加一番切实工夫,克除净尽,则愈趋愈下,莫知底极。徒具作圣之心,永沦下愚之队。可不哀哉。

然作圣不难,在自明其明德⑤。欲明其明德,须从格物致知下手。倘人欲之物,不能极力格除,则本有真知,决难彻底显现。欲令真知显现,当于日用云为,常起觉照,不使一切违理情想,暂萌于心。常使其心,虚明洞彻,如镜当台,随境映现。但照前境,不随境转,妍媸自彼,于我何干?来不预计,去不留恋。若或违理情想,稍有萌动,即当严以攻治,剿除令尽。如与贼军对敌,不但不使侵我封疆,尚须斩将搴旗,剿灭余党。其制军之法,必须严以自治,毋怠毋荒。克己复礼,主敬存诚,其器仗须用颜子之四勿⑥,曾子之三省,蘧伯玉之寡过知非。加以战战兢兢,如临深渊,如履薄冰,与之相对,则军威远振,贼党寒心,惧罹⑦灭种之极戮,冀沾安抚之洪恩。从兹相率投降,归顺至化。尽革先心,聿修厥德⑧。将不出户,兵不血刃。举寇仇皆为赤子,即叛逆悉作良民。上行下效,率土清宁,不动干戈,坐致太平矣。

如上所说，则由格物而致知，由致知而克明明德。诚明一致，即凡成圣矣。其或根器陋劣，未能收效。当效赵阅道⑩日之所为，夜必焚香告帝，不敢告者，即不敢为。袁了凡诸恶莫作，众善奉行，命自我立，福自我求，俾造物不能独擅其权。受持功过格，凡举心动念，及所言所行，善恶纤悉皆记，以期善日增而恶日减。初则善恶参杂，久则唯善无恶，故能转无福为有福，转不寿为长寿，转无子孙为多子孙。现生优入圣贤之域，报尽高登极乐之乡。行为世则，言为世法。彼既丈夫我亦尔，何可自轻而退屈。

或问，格物乃穷尽天下事物之理，致知乃推极吾之知识，必使一一晓了也。何得以人欲为物，真知为知，克治显现为格致乎？

答曰，诚与明德，皆约自心之本体而言。名虽有二，体本唯一也。知与意心，兼约自心之体用而言，实则即三而一也。格致诚正明五者，皆约闲邪存诚、返妄归真而言。其检点省察造诣工夫，明为总纲，格致诚正乃别目耳。修身正心诚意致知，皆所以明明德也。倘自心本有之真知为物欲所蔽，则意不诚而心不正矣。若能格而除之，则是"慧风扫荡障云尽，心月孤圆朗中天"矣。此圣人示人从泛至切、从疏至亲之决定次序也。若穷尽天下事物之理，俾吾心知识悉皆明了方能诚意者，则唯博览群书遍游天下之人，方能诚意正心以明其明德。未能博览阅历者，纵有纯厚天姿，于诚意正心皆无其分，况其下焉者哉。有是理乎？

然不深穷理之士，与无知无识之人，若闻理性⑩，多皆高推圣境，自处凡愚，不肯奋发勉励，遵循从事。若告以过去、现在、未来三世因果，或善或恶，各有其报，则必畏恶果而断恶因，修善因而冀善果。善恶不出身、口、意三。既知因果，自可防护身口，洗心涤虑。虽在暗室屋漏之中，常如面对帝天，不敢稍萌匪鄙之心⑪，以自干⑫罪戾也已。此大觉世尊普令一切上中下根，致知诚意正心修身之大法也。然狂者畏其拘束，谓为着相⑬。愚者防己愧怍⑭，为谓渺茫。除此二种人，有谁不信受。故梦东云："善谈心性者，必不弃离于因果；而深信因果者，终必大明夫心性。"此理势所必然也。须知从凡夫地乃至圆证佛果，悉不出因果之外。有不信因果者，皆自弃其善因善果，而常造恶因，常受恶果，经尘点劫，轮转恶道，末由出离之流也。哀哉！

圣贤千言万语，无非欲人返省克念，俾吾心本具之明德，不致埋没，亲得受用耳。但人由不知因果，每每肆意纵情。纵毕生读之，亦只学其词章，不以希圣希贤为事，因兹当面错过。袁了凡先生训子四篇，文理俱畅，豁人心目，读之自有欣欣向荣、亟欲取法之势，洵⑮淑⑯世良谟⑰也。永嘉周群铮居士，发愿流通，祈予为序。因撮取圣贤克己复礼闲邪存诚之意，以塞其责云。

【注释】

①罔念：谓不思为善。

②存养："存心养性"的省略。保存本心，培养善性。儒家的一种修养方法。

③达道：谓通达的大道。

④瞥尔：突然；迅速地。

⑤明德：美德，光明之德。

⑥颜子之四勿：即颜渊克己四种工夫：非礼勿视，非礼勿听，非礼勿言，非礼勿动。

⑦罹：遭受苦难或不幸。

⑧聿修厥德：语出《诗经·大雅》："无念尔祖，聿修厥德。"聿，语气助词。厥，代词。

⑨赵阅道：即赵抃（1008—1084年）字阅道，宋衢州西安（今浙江衢州市）人。景祐元年（1034年）进士，任殿中侍御史，弹劾不避权势，时称"铁面御史"。平时以一琴一鹤自随，为政简易，

长厚清修，日所为事，夜必衣冠露香以告于天。年四十余，究心宗教。初在衢州，常亲近蒋山法泉禅师，禅师未尝容措一词。及在青州，政事之余多晏坐，一日忽闻雷震，大悟。乃作偈云："默坐公堂虚隐几，心源不动湛如水。一声霹雳顶门开，唤起从前自家底。"累官至参知政事，以太子少保致仕。辛后谥清献，苏轼曾为之作《清献公神道碑》。

⑩理性：本性，道理。

⑪匪鄙之心：不对的、卑鄙的念头。

⑫干：触犯，冒犯。

⑬着相：佛教术语，意思是执着于外相、虚相或个体意识而偏离了本质。

⑭愧怍：因有缺点或错误而感到不安，惭愧。

⑮洵：诚实，实在。

⑯淑：善，好。

⑰谟：计谋，策略，典策。

旧 序

文有悬①笔立就、倾泻而出，又复至精至妙者，韩文公《祭十二郎文》②是也。文有久已脱稿、日改月更、千锤百炼，至数十年而始为定本者，欧阳文忠公《泷冈阡表》③是也。袁了凡先生以韩欧④之笔，具韩范之才⑤，将其生平所得，著此四训；以数十年修身治性、日新月盛之阅历体验，又加数十年字锻句炼之润饰，故其文精深而博大，其理中正而精微。

"改过"、"积善"两篇，是正文；"改过之法"，发挥"诸恶莫作"、"积善之方"，细讲众善奉行；"立命之学"，是现身说法。

一篇大文，惟谦者肯反躬内省；惟反己能自讼其过；惟自讼，庶⑥改过不吝；惟改过，斯善事真切；惟善真，然后可以立命。故首从"奉母命，弃举业习医"、"既信孔公数，淡然无求"、"后听云谷教，转移定数"叙起。此三段，公之所谓"谦则受教有地也"。夫以鹤立鸡群之俊秀，肯弃青紫⑦如敝屣⑧，不独其品之高，而其孝亦可知矣。袁母命子语，宛如《泷冈阡表》"我不能教汝，此汝父之志也"一段语，表太夫人之贤，於此亦可见矣。公之信孔公数，非漫⑨信之。必待试其数，纤悉皆验，然后深信不疑，而遂起读书之念。何等谨慎！孔公起数，必待其考校名数皆合，然后再卜终身；使他由目前之不爽⑩，以坚其久远日后之信。何等稳重！

云谷教了凡改过曰："将向来之相，尽情改刷。从前习气如死却，从后日新如重生。"在公听之已了了，而岂常人所能领会？故于"改过之法"一篇中，反覆痛切言之，传"耻"、"畏"、"勇"

三个方法,讲"事"、"理"、"心"三层难易。又恐人自谓无过可改,将蘧伯玉⑪改过一段,以证"人必有过,自不察耳"。云谷教了凡积善,曰"要从无思无虑处感格"、"毋将迎"、"毋凯觊"数语,在了凡已尽得其旨矣。仍恐人不穷理,自谓行持⑫。岂知造孽?故于"积善之方"篇,细论深辩之。文分三大段,段每十小股。首叙往事十条,以证因果不爽,为后人之效法;次论精理十六层,以防冒昧承当之错误,终标十大纲,以统领乎万德。公自叙行持,由勉强以臻自然。首誓三千善,历十余年而始克告竣。次许三千,只四年而已满。复许万善,止三年,而以一事圆之。可见初行似不胜其难,行之既熟,自有得心应手之乐。人亦何惮而不为哉?

自"孔公算余"至"世俗之论矣"一段,先将立命一结,"汝之命"承上文,起下六想、六思、改过三小段余波。文虽余尾,而言则愈紧,意则愈切。六退想,就宿命上教之谦德。此文以谦始,以谦终,而末明提一"谦"字,故以谦德之效为终篇。上半篇,写丁、冯、赵、夏四君谦德。读之,如见其人。下半叙"畏岩不逊,遇道者改过"一段,是一篇小立命。道者,宛然一云谷。畏岩何幸遇之?云谷摄淡然无求自谦之了凡易,道者折有求自满之畏岩难。觑得准,打得重,责其心气不平,文安得工?直探骊珠⑬,使其不得不服。既服,而请教焉。教之转变,积善立命,仿佛云谷与了凡语。呜呼!茫茫天下,何处得逢宗匠?如云谷、道者两人乎?即或遇之,亦要受得起这般辣手。庶不负善知识一片苦心也。敢不勉哉?"内思闲⑭已之邪",顺接"日日知非"一段,以起下"改过之法"一篇文字,赞叹云谷,归结"立命"本题。

故"四训"不独为千古名言,亦千古妙文也。此略言其段落耳。至于言外之旨,字中之意,非言可尽,细读之自会。

【注释】

①悬：提。

②《祭十二郎文》：唐代文学家韩愈对其侄十二郎的一篇祭文。

③《泷冈阡表》：宋朝欧阳修在他父亲死后六十年，所作的墓表。被誉为中国古代三大祭文之一。

④韩欧：指唐宋八大家之唐代的韩愈与宋代的欧阳修。

⑤韩范：韩指宋代的的韩琦，范指宋代的范仲淹。二人同率军防御西夏，在军中享有很高的威望，人称"韩范"。当时，边疆传颂一首歌谣："军中有一韩，西贼闻之心骨寒；军中有一范，西贼闻之惊破胆。"

⑥庶：近，差不多。

⑦青紫：典出《汉书》卷七十五《眭两夏侯京翼李列传·夏侯胜》。本为古时公卿绶带之色，因借指高官显爵。亦指显贵之服。

⑧敝屣：破草鞋。

⑨漫：模糊，糊涂之意。

⑩不爽：指没有过失。爽，失之意。

⑪蘧伯玉：即蘧瑗，字伯玉，谥成子。春秋时期卫国大夫。封"先贤"，奉祀于孔庙东庑第一位。

⑫行持：佛教语。谓精勤修行，坚持不息。

⑬宝珠：传说出自骊龙颔下，故名。《庄子·列御寇》："夫千金之珠，必在九重之渊，而骊龙颔下。"

⑭闲：防备。

目 录

第一篇　立命之学…………………… 1

第二篇　改过之法…………………… 33

第三篇　积善之方…………………… 49

第四篇　谦德之效…………………… 101

俞净意公遇灶神记………………… 113

袁了凡居士传……………………… 127

云谷大师传………………………… 129

重刻了凡四训跋（摘录）………… 135

第一篇　立命之学

余①童年②丧父,老母命弃举业③学医,谓可以养生④,可以济⑤人,且习⑥一艺⑦以成名,尔⑧父夙心⑨也。

【注释】

①余:我的意思。

②童年:是年纪小的时候。凡是不满二十岁的人,都叫童。

③举业:从前读书人学做八股文章,去考秀才举人,叫做举业。

④养生:是养活生命,保养身体,使生命得以延长。此指使生活得以保障。

⑤济:救济。

⑥习:学习。

⑦艺:技艺,俗话称本事。

⑧尔:就是你。不过这个尔字,是对不客气的人用的,长辈对小辈用的。

⑨夙心:向来有的心愿。夙,向来,一直以来。

【译文】

我在童年时,父亲便去世了,年迈母亲命我放弃学业,不要去考功名,改学医,她说:"学医可以赚钱养活生命,也可以救济别人。并且医术学得精,可以成为名医,这是你父亲从前的心愿。"

后余在慈云寺①,遇一老者,修髯②伟貌,飘飘若仙,余敬礼之。语余曰："子仕路③中人也，明年即进学④，何不读书？"

余告以故，并叩老者姓氏里居⑤。曰："吾姓孔，云南人也。得邵子⑥皇极数⑦正传，数该传汝。"

余引之归，告母。

母曰："善待之。"

试其数，纤⑧悉皆验。余遂起读书之念，谋之表兄沈称，言："郁海谷⑨先生，在沈友夫⑩家开馆⑪，我送汝寄学甚便。"

余遂礼郁为师。

【注释】

①慈云寺：寺庙名，详细地址不详。

②修髯：长须。髯，颊毛，泛指胡须。

③仕路：仕途，官路。

④进学：科举制度中，考入府、州、县学，做了生员，叫做"进学"，也叫做"中秀才"。

⑤里居：家乡，故里。

⑥邵子：即邵雍（公元1011年—公元1077年），北宋哲学家、易学家，有内圣外王之誉。汉族，字尧夫，谥号康节，自号安乐先生、伊川翁，后人称百源先生。着有《皇极经世》等书，宋史有传。

⑦皇极数：来源于《皇极经世》一书，严格说是铁板神数组成部份。分观物篇、观物内篇，合共12篇卷。将天地万物归于天数之中，以数为太极点而论事。

⑧纤：细微的地方。

⑨郁海谷：人名，生平不详。

⑩沈友夫：人名，生平不详。

⑪开馆：指过去先生开设学馆授徒。

【译文】

后来，有一天我在慈云寺碰到了一位老人，相貌非凡，一脸长须，神气清秀，看起来像仙人一样。我便非常恭敬地向他行礼，这位老人就对我说："你是官场中的人，如果参加考试，明年便可以考中秀才，为什么不去读书呢？"

我便把家中情况，以及母亲叫我放弃读书去学医的缘故告诉了他，并且请教老人的姓名与家庭住址。老人回答我说："我姓孔，是云南人，宋朝邵康节先生所精通的皇极数，我得到他的真传。照注定的数来讲，我应该把这个皇极数传给你。"

因此，我便带着这位老人回了家，并将情形告诉了母亲。

母亲对我说："好好对待这位老人家。"

这期间，我多次请先生替我推算，试验先生的推算是否灵验。结果孔先生推算的哪怕是很小的事情，都非常灵验。我因此便起了读书的念头，就与表哥沈称商量。表哥说："郁海谷先生在沈友夫家里开馆授学，我送你去那里寄宿读书，非常方便。"于是我便拜了郁海谷先生为师。

孔为余起数①：县考童生②，当十四名；府考③七十一名，提学④考第九名。明年赴考，三处名数皆合。复为卜终身休咎⑤，言："某年考第几名，某年当补廪⑥，某年当贡⑦，贡后某年，当选四川一大尹⑧，在任三年半，即宜告归⑨。五十三岁八月十四日丑时，当终于正寝，惜无子。"余备⑩录而谨记之。

【注释】

①起数：占卜、推算命运。

②童生：明清的科举制度，凡是通过了县试、府试两场考核的学子，被称之为童生。也指未考取生员（秀才）资格之前的读书

人,不管年龄大小。

③府考:即府试,明、清两朝科举考试程序中,"童试"的其中一关。通过县试后的考生有资格参加府试。府试在管辖本县的府进行,由知府主持。府试通过后就可参加院试。

④提学:即"提督学政"的简称。古代专门负责文化教育的高级地方行政官,即省的最高学官。

⑤休咎:吉凶;善恶。

⑥补廪:明清科举制度,生员经岁、科两试被录取者,补了官缺,食朝廷俸禄,谓之"补廪"。

⑦贡:指贡生。科举时代,挑选府、州、县生员(秀才)中成绩或资格优异者,升入京师的国子监读书的人。有拔贡、副贡、优贡之分。

⑧大尹:过去对府县行政长官的称呼。

⑨告归:旧时官吏告老回乡或请假回家。

⑩备:详细的,完全的。

【译文】

孔先生有一次替我推算我命中注定的运数。他说:"在你参加县里童生考试时,你应该考得第十四名,府考应该考得第七十一名,提学考应该考得第九名。"到了第二年,果然三处的考试结果,与孔先生所推算的完全相符。

孔先生又为我推算一生的吉凶祸福。他说:"某年你会考取第几名,某年你应当补廪生,哪一年你应当做贡生。等到贡生出贡后,在某年你应当会选为四川省某某县的知县,在知县任上三年半后,你便应当辞职回家。到了五十三岁那年八月十四日丑时,你将会寿终正寝。可惜的是,你命中没有儿子。"我将这些话都一一记录了下来,并且牢记在心中。

自此以后，凡遇考校①，其名数先后，皆不出孔公所悬定②者。独算余食廪米③九十一石五斗当出贡④，及食米七十余石，屠宗师⑤即批准补贡，余窃疑之。后果为署印⑥杨公所驳，直至丁卯年（公元1567年），殷秋溟宗师见余场中备卷，叹曰："五策⑦，即五篇奏议也，岂可使博洽淹贯⑧之儒，老于窗下乎！"遂依县申文⑨准贡，连前食米计之，实九十一石五斗也。余因此益信进退有命，迟速有时，澹然⑩无求矣。

【注释】

①考校：考试。校，本来为比较的意思。

②悬定：预定，预先推算。

③廪米：廪生应当领取的津贴米粮。但是到了后来，就把米折成了现钱，所以领到的都是现钱。

④出贡：廪生升了贡生后的称呼。也指秀才考取贡生后，便不再受儒学管教，俗称"出贡"。

⑤宗师：学台的称呼，是一种尊称。过去廪生补贡生，都由学台考定。

⑥署印：代理官职。旧时官印最重要，同于官位，故名。署，代的意思。过去署印有三种：一种叫补缺，就是这个官的缺，由这个人补了。不升官，不犯法，就可以做满一任，或是接连做几任，每一任大概是三年。一种叫署缺，就是一个官缺已经有人补了，但那个补了缺的官员死了，或是别的原因不能到任，或是犯错被调职，或是手上有正在做的事一时不能离开，那他的上司，就得另派一个职别差不多的官员来代替他，这就叫署缺，也可以叫署理。还有一种叫代理，这种没有署理那么长久；署理做得好，有补缺的希望，但代理最多不过二三个月，只是如果做得好，也有改做署理的希望。

⑦策：古代科举考试的一种文体，由考官列出了一条一条的题目，然后考生一条一条地对答。如策论、策问。

⑧博洽淹贯：指学问深通，知识广博。博洽，指学识广博；淹贯，深通广晓。

⑨申文：呈文。

⑩澹然：宁静、淡泊的样子。

【译文】

从此以后，凡是碰到考试，所考名次的先后，都不出孔先生预先所算定的结果。唯独算我做廪生所应领的米粮，领到九十一石五斗的时候应当出贡，哪里知道在我领到七十一石米的时候，屠宗师就批准我补了贡生。因此，私下里我开始有点怀疑孔先生的推算是否准确。只是没想到后来果然被另外一位代理的学台杨宗师驳回，不准我补贡生。直到丁卯年，殷秋溟宗师看见我在考场中的"备选试卷"，没有考中，替我可惜，并慨叹道："这卷中所做的五篇策论，就如同给皇帝的奏折一样呀，怎么能让这样博识广学的读书人埋没终生呢！"于是他就吩咐县官，替我上公事到他那里，准我补了贡生。经过这番波折，我又多吃了一段时间的廪米，连先前所吃的算起来正好是七十一石，刚好补足，总计是九十一石五斗。因为受到了这番波折，使我更加相信，一个人的进退、功名、浮沉，都是命中注定的；而走运的迟或早，也都是有一定时间的。所以，我一切都看得淡了，不去追求了。

贡入燕都①，留京一年，终日静坐，不阅文字。己巳②归，游南雍③。未入监，先访云谷会禅师④于栖霞山⑤中，对坐一室，凡三昼夜不瞑目⑥。

【注释】

①贡入燕都：补贡的人，应该送到京都的国子监去学习，所以叫贡入燕都。燕，是北方的地名，此指北京。都，是皇帝所住的城，俗话叫京城。因为当时皇帝住在北京，所以叫做燕都，也称燕京。

②己巳：此指公元1569年。

③南雍：就是南京的辟雍，简单些说就叫南雍。古时候皇帝所设立的大学堂，叫辟雍，到了明朝，因为国子监就是皇帝所设立的大学堂，所以也可以叫做辟雍。

④云谷会禅师：本名法会，字云谷，嘉善人，生于公元1500年，1575年圆寂。二十五岁时出家，研究禅宗，很精深，被推为中兴禅宗的祖师。

⑤栖霞山：地名，在南京江宁府江宁县，位于现南京市的市郊。

⑥瞑目：闭上眼睛。

【译文】

我当选"贡生"后，按照规定，要到北京的国子监去读书学习。所以，我在北京住了一年。这段时间，我一天到晚静坐不动，不说话，不想东西，也不看书读字。到了己巳年，我回到南京的国子监读书。在没有进国子监以前，我先到栖霞山去拜见云谷禅师，这是一位得道的高僧。我与云谷禅师两人面对面，坐在一间禅房里，三天三夜也没有合过眼。

云谷问曰："凡人所以不得作①圣者，只为妄念②相缠耳。汝坐三日，不见起一妄念，何也？"

余曰："吾为孔先生算定，荣辱③死生，皆有定数④，即要妄想，亦无可妄想。"

云谷笑曰:"我待汝是豪杰⑤,原来只是凡夫。"

【注释】

①作:成为。

②妄念:是不正的念头,就是胡思乱想。

③荣辱:指荣耀和耻辱。荣,是荣华富贵,体面阔绰的意思。辱,是没有面子。

④定数:一定的气数,定命,定理。

⑤豪杰:聪明才干,胜过一百个人的叫豪,胜过十个人的叫杰。豪杰与英雄意思差不多。不过英雄偏指懂些武艺的,而豪杰是性情很爽快、度量很宽大的人,不一定会武艺,所以文人也可以称豪杰的。

【译文】

云谷禅师问我:"凡人之所以不能够成为圣人,就是因为胡思乱想的念头太多,被这种胡思乱想把清净的心扰得不清净了,从而只能成为一个庸庸碌碌的凡夫。静坐了三天,我发现你一个乱念头都没有起,这是什么缘故呢?"

我回答他说:"我的命被孔先生算定了。我命中的荣耀和耻辱,生命的长短,都是注定的数,没有办法可以改变。即使妄想得到什么好处,也是白想。所以,干脆就不想了。既然没有了非分之想,心里自然也就没有乱念头了。"

云谷禅师听了,笑道:"我原本还以为你是一个了不得的豪杰呢,没想到,你原来只是一个庸庸碌碌的凡夫而已。"

问其故。

曰:"人未能无心,终为阴阳①所缚,安得无数②?但惟凡人有数;极善之人,数固拘③他不定;极恶之人,数亦拘他不定。

汝二十年来，被他算定，不曾转动一毫，岂非是凡夫？"

【注释】

①阴阳：古代哲学概念，是古人对宇宙万物两种相反相成的性质的一种抽象。《易经》中说："无极生太极，太极生两仪，两仪生四相，四相生八卦。"两仪即"阴阳"二种数理性质。

②数：气数，命运。凡是讲起课算命的，不论什么事情，都有阴阳之分。一切推算的方法，都是从阴阳中变化出来的。所以，也可以说阴阳就是气数。

③拘：拘束，约束。

【译文】

听了云谷禅师的话，我不明白，便请教他这话怎么讲。

云谷禅师道："一个凡人，不可能一点胡思乱想的心都没有，如果那样就成佛菩萨了。既然有一颗胡思乱想的心，那就会被阴阳所束缚。一个人会被阴阳束缚住，就是被气数束缚住。会被气数束缚住，又怎么能说没有数呢？虽然说数是一定的，但是只有平常的人才会被数所束缚。如果是大善之人，数就拘他不住了。因为极善之人，尽管命中注定要吃苦，但因他做了极大的善事，这大善事的力量就能让他苦变成乐，贫贱短命变成富贵长寿。而极恶的人，数也是拘束他不住的。因为极恶的人，尽管命中注定他要享福，但由于做了极大的恶事，这大恶事的力量会使他的福变成祸，富贵长寿变成贫贱短命。你这二十年来，被孔先生把命算定了，不能动弹得一丝一毫。这样看来，你如果不是一个凡夫，那又是什么呢？"

余问曰："然则数可逃乎？"

曰："命由我作，福自己求。诗书所称，的①为明训。我教典②中说:'求富贵得富贵,求男女得男女,求长寿得长寿。'夫妄语③乃释迦④大戒,诸佛菩萨,岂诳语欺人?"

【注释】

①的:的确,确实。

②典:此指佛经。下边所说的"求富贵得富贵、求男女得男女、求长寿得长寿"等三句,就都是佛经里头的话,《楞严经》《法华经》里有说到。

③妄语:虚妄不实的话;假话。

④释迦:就是释迦牟尼佛。代指佛教。

【译文】

我就问云谷禅师:"按你这样说起来,究竟这个数,能不能逃得掉呢?"

云谷禅师道:"命运其实并不是一定的,都是由自己决定的;福份也一样,都要由自己去求才能得到。自己行善,自然会有福;自己行恶,自然也就折福了。过去诗、书里面所说的,的确都是金玉良言。我佛教中的经书里说:'一个人想要求得富贵,就会得到富贵;想要求得儿女,就会得到儿女;想要求得长寿,就会得到长寿。'这几句经文的意思,是说一个人只要肯做善事,命运就不能束缚他,命里本来没有富贵的也可以得到富贵了,命里本来没有儿女的也可以得到儿女了,命里本来是短命的也可以得到长寿了。假话,是佛家的大戒。难道佛菩萨还会说假话来欺骗人吗?"

余进曰:"孟子言'求则得之',是求在我者也。道德仁义可以力求,功名富贵,如何求得?"

云谷曰:"孟子之言不错,汝自错解了。汝不见六祖①说:'一切福田②,不离方寸③;从心而觅,感无不通。'求在我,不独得道德仁义，亦得功名富贵，内外双得，是求有益于得也。若不返躬内省④，而徒向外驰求⑤，则求之有道，而得之有命矣，内外双失，故无益。"

因问："孔公算汝终身若何？"

余以实告。

【注释】

①六祖：此指被尊为禅宗第六祖的惠能大师。他得到了五祖弘忍的衣钵，继承了东山法脉并建立了南宗，弘扬"直指人心，见性成佛"的顿教法门，对中国佛教以及禅宗的弘化具有深刻的意义。

②福田：佛教用语中，佛教以为供养布施，行善修德，能受福报，犹如播种田亩，有秋收之利。田，在此不是种五谷菜蔬的田地，而是指心。心里常想着行善，做积功德的事情，功德就会像田里的谷物菜蔬一样渐渐变大。功德变大，福份也就会越多。

③方寸：指心，即心灵之地。

④返躬内省：回过头来检查自己的过失。躬，自身；省，检查，反省。

⑤驰求：奔走追求。驰，乱跑的意思

【译文】

听了云谷禅师的话，我心里还是不明白，便又问道："孟子曾说'求则得之'，这说的是我心中想的可以做得到的事情，如果不是我心里想的事，那么又怎么能一定求得到呢？譬如说道德仁义，这是在我心里想的，我立志要做一个有道德仁义的人，自然我就会尽力去成为一个有道德仁义的人，这是我能尽力去做的。像功名富贵，那不是在我心里的，而是在我身外的，要别人肯给我，我才可以得到；如果别人不肯给我，我又怎么能求得到呢？"

云谷禅师说:"孟子的话说得不错,但是你理解错了。你没看见六祖慧能大师曾说:'所有各人的福田,都决定在各人的心里。福田离不开心,心外没有福田可寻,所以种的是福还是祸,全在于自己的内心。只要从内心里去求福,没有感应不到的!'能向自己的内心去求,那求得的就不只是心内的道德仁义,就是身外的功名富贵,也是可以求到的。心内的仁义道德,身外的功名福椽,这两方面都可以得到。这就是说,求是有益处的,但得向心里头求。一个人命中如果有功名富贵,就是不求也会得到;若是命里没有功名富贵,就算是用尽了方法也求不到的。所以,一个人若不能自我检讨反省,而只是盲目地向外面追求名利福寿,那么就算你有很好的求的办法,能不能得到却只能听天由命了。如果你一定要求,不但身外的功名富贵可能求不到,而且可能因为过分乱求,过分贪婪而不择手段,导致把心里本有的道德仁义也都失掉了,这就是内外双失了。所以,乱求是毫无益处的。"

因此,云谷禅师又开导我,问我道:"孔先生算你的命,你这一生一世到底怎么样?"

我就把孔先生算我某年考得怎么样,某年有官做,何时会死的话,老实详细地告诉了云谷禅师。

云谷曰:"汝自揣①应得科第否?应生子否?"

余追省良久,曰:"不应也。科第中人,类②有福相,余福薄,又不能积功累行③,以基④厚福;兼⑤不耐烦剧⑥,不能容人;时或以才智盖⑦人,直心直行,轻言妄谈。凡此皆薄福之相也,岂宜科第哉。

"地之秽者多生物,水之清者常无鱼,余好洁,宜无子者一;和气能育万物,余善⑧怒,宜无子者二;爱为生生之本,忍为不育之根,余矜惜⑨名节,常不能舍己救人,宜无子者三;多言耗气，宜无子者四；喜饮铄⑩精，宜无子者五；好彻夜长坐，而不知葆元毓神⑪，宜无子者六。其余过恶尚多，不能悉数。"

【注释】

①揣：揣测，估计。
②类：大多数的意思。
③积功累行：积累功德与善行。
④基：根基。此处作动词，成为……的根基。
⑤兼：并且。
⑥剧：烦杂细碎的意思。
⑦盖：遮盖，超越。
⑧善：喜欢，容易。
⑨矜惜：爱惜。
⑩铄：销毁，损耗。
⑪葆元毓神：葆，同"保"；毓，同"育"。保养元气，培育精力的意思。

【译文】

云谷禅师听了我的话，又问我道："你自己想想，你觉得自己应该能考到科第吗？应该生有儿子吗？"

听了云谷禅师的问话，我回想起过去自己所做过的事情，自我反省了很长的时间，然后回答云谷禅师说："不应该。我不应该得到科第，也不应该有儿子。因为能考取科第的人，都是有福相的。而我的相很薄，所以福也薄，又不能多积功德和善行，打牢获得厚福的根基；并且我耐心不够，不能承担琐碎重大的事情；别人有过失的时候，我心量狭小，不能够包容别人；有时我还自尊自大，以才智去压制别人，自以为是，自己想怎么做就怎么做，且随便妄发谬论。如此种种举动，都是薄福的表现，又怎么能够考得科第呢?"

"我们知道,越是污秽的地方,生长的东西会越多;越是清澈干净的河流,反而越少有鱼生存。我正是因为过分喜欢洁净,所以变得不近人情,这是我不应有儿子的原因之一。天地间只有万物和泰,如暖日,如和风,如细雨,才能够催发万物生长。而我却常常容易发怒,没有一点和育之气,又怎么会生育儿子呢?这是我不当有儿子的缘故之二。仁爱,是长养生命的根本;而狠心残忍,是断绝子嗣的根由,就如一颗果子如果没有核仁,又怎么会生长发育呢?我只懂得爱惜自己的名节,常常不肯抛开自己去帮助别人,积些功德,这是我不当有儿子的第三个缘故。话说多了容易伤气,而我喜欢说话,以致伤了气,身体很不健康,这是我不当有子的第四个缘故。我喜欢喝酒,而喝酒又很容易损耗人的精神。一个人的精神不足,又怎么会生儿子呢?这是我不当有儿子的原因之五。我喜欢熬夜,通常彻夜长坐不睡,不知道葆养元气,培育精神。这是我不当有儿子的原因之六。除此之外,我还有很多其它的种种过失与罪恶,说也说不完。"

云谷曰:"岂惟科第哉。世间享千金之产者,定是千金人物[1];享百金之产者,定是百金人物;应饿死者,定是饿死人物。天不过因材而笃[2],几曾加纤毫[3]意思。即如生子,有百世之德[4]者,定有百世子孙保之;有十世之德者,定有十世子孙保之;有三世二世之德者,定有三世二世子孙保之;其斩焉[5]无后者,德至薄也。"

【注释】

①千金人物:指能够承受拥有千金财富的福报的人物。后面"百金人物",比照解释。

②笃：加厚的意思。
③纤毫：细微的意思。
④百世之德：指积累百代的善行或功德。
⑤斩焉：斩，断绝的意思。焉，语气词。

【译文】

听了我的话，云谷禅师说道："照你这样说来，何止是科第你不应该拥有，恐怕还有很多东西也不是你应该得的吧。能够享有价值一千金产业的，一定是一个能够承担一千金福报的人；能够享有价值一百金产业的，一定是一个能够承担一百金福报的人；应该饿死的，一定是应该遭受饿死报应的人。这些都是各人自己造成的，上天不过是根据各人的本质加厚一些罢了。何曾另外有增加一丝一毫其它的东西呢？就像生孩子，如果他积累了百代的功德，那么就一定会有一百代的子孙，来保住他的福；积累了十代的功德，就一定会有十代的子孙，来保住他的福；积了三代或是两代的功德，就一定会有三代二代的子孙，来保住他的福。那些只享有一代的福，到了下一代就断绝子孙的，那是因为他功德太薄或是积的罪孽太多的缘故。"

"汝今既知非，将向来①不发科第②，及不生子之相，尽情改刷③。务要④积德，务要包荒⑤，务要和爱，务要惜精神。从前种种，譬如昨日死；从后种种，譬如今日生，此义理再生之身⑥也。夫血肉之身，尚然有数；义理之身，岂不能格天⑦？太甲⑧曰：'天作孽，犹可违；自作孽，不可活。'诗⑨云：'永言配命，自求多福。'孔先生算汝不登科第、不生子者，此天作之孽，犹可得而违；汝今扩充⑩德性，力行善事，多积阴德，此自己所作之福也，安得而不受享乎？《易》为君子谋⑪，趋吉避凶。若言天命有常⑫，吉何可趋，凶何可避？开章第一义⑬，便说：'积善之家，必有余庆⑭。'汝信得及否？"

【注释】

①向来：先前的意思。

②不发科第：从前取得科第，叫做发科发甲，所以不发科第，就是没有取得科第。

③改刷：改正、改过之意。就如碰到不洁净的东西，把他洗刷洁净。

④务要：一定要，务必。

⑤包荒：包容荒秽的意思，就是要包容一切，不揭穿旁人的短处。

⑥义理再生之身：指精神再生的生命。

⑦格天：感动上天。也可以理解为人清净、诚恳的心，可以与天相通的意思。

⑧太甲：商汤的嫡长孙，太丁子，叔仲壬病死后继位，由四朝元老伊尹辅政，后病死，共在位二十三年。此指《尚书》中的一篇文章的标题名，文章写的是伊尹辅佐太甲执政的事。

⑨诗云两句：诗，指的是《诗经》。"永言配命，自求多福"，永，是恒常之意；言，是"念"；配，是"合"；命，是"天道"。意思是说人要时常反省自己做的事，是否符合上苍的意思。这样做，自然就会有很大的福报了。福是自己求的，一切全靠自己。

⑩扩充：放大的意思。

⑪谋：替人打算的意思。

⑫有常：有定数，有规定。

⑬开章第一义：开章，指书的开头第一章。第一义，指《易经》在开头"坤卦"里就讲到了"积善之家，必有余庆"。

⑭余庆：多余的福报。

【译文】

云谷禅师接着说:"你现在既然已经明白了你的种种过失,那么你就应该把以前不能够考取科第,以及没有儿子的种种福薄的相,用心尽自己最大努力,一件一件洗刷干净。一定要多行善事,多积些功德;一定要多为别人着想,多包容别人一些;对别人一定要多些和气,常怀慈悲之心;一定要少说话,少喝酒,多爱惜自己的精神。你以前所犯的种种过失,要拔得干干净净的,就有如昨天的你已经死了,从今天起,做个全新的人;以后一切的一切,譬如今天刚刚新生。这样,那你就算是获得精神重生的身命了,你的命运也就可以完全不一样了。"

"我们这种血肉之身,尚且有一定的数。哪有这种符合义理之身,反倒不能感动天的道理?《尚书·太甲篇》里说:'上天降给你的灾祸,或许你还可以避开;但要是一个人自己作了孽,那就一定会受到报应,不可能再舒舒服服活在这世界上了。'《诗经》里头也有说:'一个人应该常常自我反省,自己所做的一切事情,合不合天道。能够这样,那就不会做不合天道的事情了,自然会有很大的福报了。'这是说福是自己求的,也就是祸福都是自己求的,一切全在乎自己。孔先生算你的命,不能够考取科第,不会有儿子,但这些灾祸是上天替你安排的,是可以改变的。你只要把自己本有的道德天性,渐渐放大,尽自己最大的力量,多做善事,多积阴德,这就是自己所造的福。自己造了福,自然会有好报,别人是不能夺走的,自己又怎么会不能享受这种福份呢?"

"《易经》这部书,都是讲的天道人道,处处警戒人要小心谨慎,勿做坏事,都是替君子打算的,告诉他要避开凶险的地方、凶险的事情,向着吉祥的地方去。如果说上天给人的命是固定的、不能够改变的,那么又怎么能向着吉祥的地方去呢?又怎么能避开凶险呢?所以《易经》在开头第一章就说:'积善之家,必有余庆。'意思就是说，一个人只要能专做善事，积累功德，就可以享有长久的福报；不但是自己有福，多余下来的还可以传给子孙享有。这个道理，你能确信无疑吗？"

余信其言，拜而受教。因将往日之罪，佛前尽情发露①，为疏②一通③，先求登科，誓行善事三千条，以报天地祖宗之德。

【注释】

①发露：抒发，倾诉。此指把过去的罪愆在佛前表白出来
②疏：即疏表，相当于现在的"报告书"，或"祈祷文"。
③一通：古代以擂鼓三百三十六槌为一通，也指公文一件。此取后者。

【译文】

我相信了云谷禅师的话，并向他拜谢，接受他的指教。因此我把过去所有的一切罪恶过失，不管轻的重的，大的小的，一股脑地全在佛菩萨面前说了出来，以求改过；我又写了一篇疏文，祈告上苍，先祈求自己能够考取功名，同时还立誓做三千件善事，以报答天地神祇及历代祖宗对我的大恩大德。

云谷出功过格①示余，令所行之事，逐日登记，善则记数，恶则退除，且教持准提咒②，以期必验。

【注释】

①功过格：过去记录功过的一种表格形式。初指道士逐日登记行为善恶以自勉自省的簿格，及后流行于民间，泛指用分数来表现行为善恶程度、使行善戒恶得到具体指导的一类善书。
②准提咒：佛教准提佛说的一种咒文，为古印度梵文。

【译文】

听我立誓要做三千条善事,云谷禅师就把一种功过格给我看,要我按照功过格所定的方法去做,把我所做的事,不论善恶,每天记录在功过格上。做了善事就记录在功字一格的下面;做了恶事,就记在过字一格的下面。同时,看恶事的等级,还要把"功"扣掉,即小功抵小过,大恶扣大善,一大恶抵十小善,一大善抵十小恶,都通过这张表来加减,体现善恶多少。又叫我念"准提咒"来加持,希望我所求的事,可以得到效验。

语余曰:"符箓家①有云:'不会书符,被鬼神笑。'此有秘传,只是不动念也。执笔书符,先把万缘②放下,一尘③不起。从此念头不动处,下一点,谓之混沌开基④。由此而一笔挥成,更无思虑,此符便灵。凡祈天立命,都要从无思无虑处感格⑤。"

【注释】

①符箓家:指那些以"画符"为专业的人士。符,是一种用朱笔写在黄纸上用来镇压邪魔,或是烧化了,把灰和在水里一同吞下肚去,用来治命的东西。符有各种样子,不同的符有不同的用处。箓,指一种与符相似的"图形"而言,作用与符一样。符箓连用,概解为符。

②万缘:指人心中所起的各种各样的众多念头。

③尘:本指灰尘,此指人心中不好的念头。

④开基:开创,开始。

⑤感格:指感于此处而达于彼处。

【译文】

云谷禅师又对我说:"有一种画符箓的专家曾说:'一个人如果不会画符,是会被鬼神耻笑的。所以,要学会画符。'画符有一种秘密的方法传下来，就是画符时不起一丝的念头。当执笔画符的时候，首先要把所有的念头放下，不能有一丝杂念，因为有了一丝的念头，心就不清净了。当所有念头不起的刹那，用笔在纸上点下一点，因为完整的一道符，都是从这一点开始画起，所以这一点是符的根基所在。从这一点开始，一直到画完整个符，若没起一丝别的念头，那么这道符就会很灵验。不但画符不可以夹杂念头，凡是一个人心有所求，祷告上天保佑，或是想改变命运，都要从没有妄念上去下工夫，这样才能感动上天，使之明白自己的愿望。"

"孟子论立命之学，而曰：'夭寿不贰①。'夫夭寿，至贰②者也。当其不动念时，孰为夭，孰为寿？细分之，丰歉不贰，然后可立贫富之命；穷通③不贰，然后可立贵贱之命；夭寿不贰，然后可立生死之命。人生世间，惟死生为重，曰夭寿，则一切顺逆皆该④之矣。"

【注释】

①夭寿不贰：见《孟子·尽心篇》。指短命与长寿，并没有分别。夭，短命。贰，不一样，有分别。
②至贰：指绝对不一样的意思。
③通：发达。
④该：包括的意思。

【译文】

云谷禅师又说："孟子谈到了立命的道理，他说'生命的长与短，并没有什么分别'。这话看起来是不通的，短命与长寿本是完全不同的相反的概念，那么孟子为什么说它'不贰'呢？要知道，当一个人完全没有念想时，心里又哪来的'短命'与'长寿'之分呢？只有心里了'短命'与'长寿'的念头，才会有'夭''寿'的分别。把'立命'细细分开来讲，就是要把富足与贫乏看得一样，这样才可以把本来贫困的命转变为富足的命，把本来富足的命变得更加富足长久的命；要把处在穷困和发达时也看得一样，这样才可以把本来低贱的命变成富贵的命，把本来富贵的命变成更加发达尊荣的命；对于生命的长与短，也要看得没有两样，不要认为我的命中注定短命，便趁还活着的时候糟蹋自己，随便造恶，而命中注定长寿的人，不要认为自己命还长就胡为乱来，这样才能把命中注定的短命转为长寿，把本来命中注定的长寿变得更加健康长寿。人生在世，只有这生与死的关系最是重要，所以这人生的'夭'与'寿'，也就是人生的最大事件了。说到这个，那么人生中所有的逆境与顺境，像上面说的丰与歉、通与穷，也就都可以包括在这里面了。"

"至'修身以俟^①之'，乃积德祈天之事。曰修，则身有过恶，皆当治而去之；曰俟，则一毫觊觎^②，一毫将迎^③，皆当斩绝之矣。到此地位，直造^④先天之境，即此便是实学^⑤。"

【注释】
①俟：等候，等待。
②觊觎：非分的想法，希望得到不应该得到的东西。
③将迎：送往迎来。
④造：达到。
⑤实学：真正的、实在的学问。

【译文】
"至于孟子所说的'修身以俟之'，就是说自己要时时刻刻修养德性，不要让自己造恶，而命运能不能够改变，那就是积德的事、求天的事了。既然说到'修'字，那么身上有的所有过失、罪恶，都应该像医治病症一样，要把他们统统去除掉。而说到'俟'，就是要等到修的功夫深了，命自然会变好的，不可以有一丝一毫的非分之想，也不可以让心中的念头乱起乱灭。凡是这种胡思邪念，都要完完全全斩掉它，断绝它，不能存留一丝一毫。能够做到这种地步，那就可说是已经到了先天不动念头的境界了。能做到这种功夫，就已经是实实在在的学问了。"

"汝未能无心，但能持准提咒，无记无数，不令间断，持得纯熟，于持中不持，于不持中持，到得①念头不动，则灵验矣。"

【注释】
①到得：等到，到了。

【译文】
云谷禅师接着说："你所有的行为，还都是有心而为，还不能够做到自然而然、不着痕迹的地步。这种功夫，不是短时期内能够做到的。但只要你能够念准提咒，不管念了多少遍，不要去记，也不要去数，只要不间断地一心念下去；等念到极其熟练的时候，自然会做到口里在念，但自己不觉得自己在念，就是佛经中说的'持中不持'；在不念的时候，心中也会不知不觉的还在念，就是佛经中说的'不持中持'。如果念咒能念到这个地步，那么念的咒，自然也就没有不灵验的了。"

余初号学海，是日改号了凡；盖悟立命之说，而不欲落凡夫窠臼①也。从此而后，终日兢兢②，便觉与前不同。前日只是悠悠放任③，到此自有战兢惕厉④景象，在暗室屋漏中，常恐得罪天地鬼神；遇人憎我毁我，自能恬然⑤容受⑥。

【注释】

①窠臼：窠，指鸟窠。臼，本指打米的家伙。因此窠臼喻指现成的格式，老套子。

②兢兢：小心谨慎的意思。

③放任：没有拘束，随随便便的意思。

④战兢惕厉：惧怕谨慎；警惕，戒惧。

⑤恬然：安逸舒服的样子。

⑥容受：接受。

【译文】

我起初的号叫"学海"，从那天起我就改了号，叫"了凡"。因为听了云谷禅师的话，我明白了立命的道理，而不想与寻常的凡夫一样落了俗套。从那以后，我就整天小心谨慎，时刻存有一种敬畏之心。我就觉得，与从前相比，自己有了很大不同。以前只是糊糊涂涂，随随便便，无拘无束的。到了现在，自然就有了一种小心谨慎，既惧怕又恭敬，时刻恐防有危险到来的景象。即使在黑暗的内室无人之处，我也常常恐怕得罪了天地鬼神。碰到讨厌我、诋毁我的人，我也能够舒舒服服的接受了，不再与别人计较和争论。

到明年①礼部②考科举，孔先生算该第三，忽考第一；其言不验，而秋闱③中式④矣。然行义⑤未纯⑥，检⑦身多误：或见善而行之不勇，或救人而心常自疑；或身勉为善，而口有过言；或醒时操持⑧，而醉后放逸；以过折功，日常虚度。自己巳岁⑨发愿，直至己卯岁⑩，历十余年，而三千善行始完。

【注释】

①明年：第二年。据查证，此时为公元1570年。

②礼部：中国古代官署，管理全国学校事务及科举考试及藩属和外国之往来事。与吏部、户部、兵部、刑部、工部合称六部。

③秋闱：对科举制度中乡试的借代性叫法。乡试一定在秋天的八月，所以乡试的考场，就叫秋闱。又因为恐怕有人私底下进出作弊，用一种有刺的棘树，插在围墙上面，所以也叫做棘闱。

④中式：考中的意思。

⑤行义：躬行仁义，做应该做的事。

⑥未纯：指勉强，不能自然而然。

⑦检：省察。

⑧操持：把持之意。

⑨己巳岁：此指公元1569年。

⑩己卯岁：此指公元1579年。

【译文】

我见到云谷禅师的第二年，照考试的规矩，我应该先到礼部去考科举。孔先生算我的命中应该考第三名，哪里知道忽然考了第一名。孔先生的话，已经不灵了。孔先生没有算我会考中举人的，哪知道到了秋天乡试，我竟然中了举人。这不是我命里注定的，云谷禅师所说"命可以改造，一个人不可以被命拘束"的话，我也更加相信了。我虽然像上边所说，把自己的过失改好了许多，但是碰到应该做的事情，还是不能够一心一意的做，还是有些勉强，不能做到自然而然。检点自己的行为，觉得过失还是很多。或是看见善的事情，虽然肯做，但是还不能够大胆放手去做；或是遇到救人的事，心里还是常有疑惑，没有坚定的决心去救人；身体虽然能勉强去做善事，但是嘴里常常说出犯过的话；或是清醒时还能够把持住自己，但是喝酒喝醉后就会放肆了，自己管束不住自己；虽然常常做善事，积了些功德，但是过失也很多，拿功来抵过，恐怕还不够，而时间也就在一天一天地虚度过去了。自从己巳年听了云谷禅师的教训,我发愿心要做三千件善事,一直到己卯年,经过了十多年,方才把三千件善事做完了。

时方从李渐庵①入关,未及回向②。庚辰③南还。始请性空、慧空④诸上人⑤,就东塔禅堂回向。遂起求子愿,亦许行三千善事。辛巳⑥,生汝天启。

【注释】

①李渐庵:人名,生平不详。
②回向:是佛教的一种修行功夫。指将自己所修的功德,不愿自己独享,而将之转归与法界众生同享,以拓开自己的心胸,并且使功德有明确的方向而不致散失。
③庚辰:此指公元1580年。
④性空、慧空:佛门法师德号,生平不详。
⑤上人:指有道德学问的出家人。
⑥辛巳:此指公元1581年。

【译文】

当时,我刚刚与李渐庵先生从关外回来,还没有来得及把所做的三千件善事的功德进行回向。到了庚辰这一年,我从北京回到南边,方才请了性空、慧空两位有道的大和尚,就东塔禅堂完成了这个回向的愿心。那时,我起了求得儿子的心愿,也是立愿做三千件善事。到了辛巳年,便生了你,为你起名叫天启。

余行一事,随以笔记;汝母不能书,每行一事,辄用鹅毛管,印一朱圈于历日之上。或施食贫人,或买放生命,一日有多至十余圈者。至癸未①八月,三千之数已满。复请性空辈,就家庭回向。九月十三日,复起求中进士愿,许行善事一万条,丙戌②登第，授③宝坻④知县。

【注释】

①癸未：此指公元1583年。
②丙戌：此指公元1586年。
③授：本指教授的意思。此处可做补缺解释，就是补了宝坻县知县的缺。
④宝坻：县名，地处北京、天津、唐山三大城市的中心腹地。是著名的"京东八县之一"。经济发达，文化昌盛，民风淳朴，风光秀丽，素有"宝地"之称。

【译文】

我每做一件善事，便随手用笔记下来。你母亲不会写字，每做一件善事，就用鹅毛管在日历上面印一个红圈，做一个记号。她或是施送给穷人一些吃的东西，或是买些活的东西来放生，最多的时候，一天会有十几个红圈呢。这样，到了癸未年的八月时，我所许下做三千件善事的誓愿才做完。我又请了性空和尚等，在家里上供回向众生法界。到了那年的九月十三日，我又发了求考中进士的誓愿，许愿做一万件善事。到了丙戌年那一年，我参加科举考试竟然考中了，吏部给我了补宝坻县知县的缺。

余置空格一册，名曰"治心编"。晨起坐堂①，家人②携付门役③，置案上，所行善恶，纤悉必记。夜则设桌于庭，效赵阅道④焚香告帝⑤。

汝母见所行不多，辄⑥颦蹙⑦曰："我前在家，相助为善，故三千之数得完；今许一万，衙中无事可行，何时得圆满⑧乎？"

【注释】

①坐堂：指做官的坐在堂上办公事，或是审问案子。

②家人：此指自己身边的下人。

③门役：是看门人。

④赵阅道：即赵抃，宋朝时浙江衢州人（今衢县），字阅道，宋仁宗时为谏官，时称"铁面御史"，终以太子少保致仕，有《赵清献公集》传世，生卒不详。宋史有传。

⑤帝：指上天。

⑥辄：常常。

⑦颦蹙：指皱紧眉头忧愁的样子。

⑧圆满：佛教语。谓佛事完毕，没有缺陷、漏洞。

【译文】

在做宝坻县知县的时候，我平时便准备了一本小册子，册中有一格一格的空格子，我称之为"治心编"。早晨起来坐堂或审问案子的时候，我便叫当差的下人拿了这本"治心编"交给看门的人，放在公事案桌上，将一天中所做的善事恶事，哪怕是极细小的，都一一记在这本"治心编"上。每到晚上，我便仿照宋朝的赵阅道，在庭院里摆了香桌，将每天所做一切焚香祷告天帝。

你的母亲见我所做的善事不多，常常皱着眉头对我说："我以前在家里，帮助你做善事，所以你所许做三千件善事的愿心能够完成。现在你许下了做一万件善事的愿心，在衙门中又没有什么善事可做，这要等到什么时候，才能够圆满完成呢？"

夜间偶梦见一神人，余言善事难完之故。神曰："只减粮一节，万行俱完矣。"盖宝坻之田，每亩二分三厘七毫。余为区处①，减至一分四厘六毫，委②有此事，心颇惊疑。适③幻余禅师④自五台⑤来，余以梦告之，且问此事宜信否？

【注释】

①区处：整理、处分之意。

②委：确实。

③适：正好，刚好。

④幻余禅师：生平不详。禅师，和尚的尊称。

⑤五台：即五台山。位于山西省忻州市五台县境内，位列中国佛教四大名山之首。

【译文】

这以后的一天晚上，我偶然做了个梦，梦见了一位神人。梦中，我把自己担心难以完成这一万件善行的事告诉了他。这位神人回答我说："仅仅是你为老百姓减收粮税这一件事，你所许的一万件善事，就已经足够圆满了。"原来，宝坻县的田地，老百姓每亩要还二分三厘七毫的田税。我觉得百姓赋税出得太多，所以我把全县的田赋清理了一遍，将老百姓每亩应该完的钱粮减到一分四厘六毫。这件事的确是有的。不过我心里边，自己觉得奇怪，怎么一件小事情，就会被神明知道，但我心里仍疑惑，这一件事情怎么就可以抵得上一万件善事？那个时候，正好碰上幻余禅师从五台山到宝坻来，我就把梦中遇到的事告诉了他，并且问他，这一事情是否可以相信。

师曰："善心真切，即一行可当万善，况合县①减粮，万民受福乎？"

吾即捐俸银，请其就五台山斋僧②一万而回向之。

【注释】

①合县：全县。合，全部，整个。

②斋僧：就是请出家的比丘来吃斋饭。请僧的斋菜，多为一

大碗，里面含有几样素菜，混在一起，习称"罗汉菜"。

【译文】

幻余禅师回答我说："做善事只要存心虔诚、恳切，没有一丝做假，那么即使只有一件善事，也可以抵得上一万件善事了。何况是你减轻了全县的田赋，使全县的百姓都因此减轻了苛杂重税的痛苦，获得了恩惠，这怎么不可以抵得上一万件善事呢？"

听了幻余禅师的话，我立刻把自己所得的俸银捐了出来，请幻余禅师在五台山请一万位法师吃斋，并且把供养法师的功德回向给宇宙所有的众生，希望他们都能获得福祉。

孔公算予五十三岁有厄[①]，余未尝祈寿，是岁[②]竟无恙，今六十九矣。书[③]曰："天难谌[④]，命靡常[⑤]"；又云："惟命不于常[⑥]。"皆非诳语。吾于是而知，凡称祸福自己求之者，乃圣贤之言。若谓祸福惟天所命，则世俗之论矣。

【注释】

① 厄：灾难。

② 是岁：此指了凡先生53岁那一年。

③ 书：指《尚书》。

④ 谌：相信。

⑤ 靡常：不是固定的。靡，不，没有。常，恒常，固定。

⑥ 惟命不于常：惟，发语词，无意义。于，介词，表某方面。全句意思是指"命运不是固定不变的"。

【译文】

孔先生给我算命，说我命中到五十三岁时会有灾难。我虽然没有向上天祈求长寿，但是到了五十三岁那一年，我竟然没有一点什么病痛。现在，我已经六十九岁了。《尚书》中说："天道是难以确信的,而命运也是没有定轨的。"又说:"人的命运不是固定的。"这些话,都不是骗人的假话。我也因此才知道,凡是说一个人的祸福,是要自己去求才能获得的,这实在是圣贤之言。若是说一个人的祸与福,都是上天注定的,那只不过是世间庸俗之人的论调罢了。

汝之命,未知若何?即命当荣显①,常作落寞②想;即时当顺利,常作拂逆③想;即眼前足食,常作贫窭④想;即人相爱敬,常作恐惧想;即家世望重⑤,常作卑下⑥想;即学问颇优,常作浅陋⑦想。

【注释】

①荣显:荣贵显达。
②落寞:寂寞,冷落凄凉。常用于形容人寂寞的心境或者状态。
③拂逆:指违背,违反。
④贫窭:贫穷。窭,音jù,本义指贫穷得无法备礼物,亦泛指贫穷。
⑤望重:名望显赫。
⑥卑下:低下,卑屈。
⑦浅陋:指见闻狭隘,见识贫乏。

【译文】

你的命,不知道究竟怎么样。但即使你命中应该荣贵发达,你也还是要有常常不得意的想法;就算你碰到的境遇很顺利,也还是要常常当作不称心、不如意来对待;就算目前你吃穿丰足,也还是要当作贫穷来对待;就算别人都喜欢你,敬重你,你也还是要常怀着谨慎、戒慎的想法;就算你家里世代名望都很高,你也还是得常常怀着自己地位卑下，一切不如人的想法；就算你学问高深，你也还是要常怀有自己知识还很浅陋的想法。

远思扬①祖宗之德，近思盖②父母之愆③；上思报国之恩，下思造家之福；外思济④人之急，内思闲⑤己之邪。

【注释】

①扬：宣扬，传播。
②盖：隐藏，遮盖。
③愆：过失。
④济：帮助。
⑤闲：防范。

【译文】

从远处来看，你要想到如何去传扬祖先的遗德；从近处看，你要想到如何去弥补、遮掩父母所犯的过失，免于暴露。向上讲，你应该要想着报答国家的恩德，向下讲，你应该要想着为一家造福。对外来讲，你应该要想着救济别人的急难；对内来讲，你应该要想着如何防范自己的邪念。

务要日日知非，日日改过；一日不知非，即一日安于自是①；一日无过可改，即一日无步可进；天下聪明俊秀不少，所以德不加修、业不加广者，只为因循②二字，耽阁③一生。

【注释】

①自是：自以为是。
②因循：贪图安逸，得过且过的意思。
③耽阁：同耽搁。耽误的意思。

【译文】

一个人一定要能够时刻反省自己的行为，知道自己的过失所在，每天一定要将自己的过失一一改正；只要一天没有意识到自己的过失，那么自己就会永远安安逸逸，自以为是；如果每天都觉得无过可改，那么也就永远不会有进步的机会了。天底下聪明俊秀的人才实在是不少，但他们却不知道去修养自己的德性，努力增加自己的学识，扩大自己的事业。这只是因为他们受了得过且过思想的影响，只知道贪图安逸，不思进取，所以耽搁了他们一生一世。

云谷禅师所授立命之说，乃至精至邃①、至真至正之理，其熟玩②而勉行之，毋自旷③也。

【注释】

①邃：深邃，深奥。

②玩：体会。

③旷：荒废；耽误。

【译文】

云谷禅师所教立命之说，实在是最精、最深、最真、最正的道理。希望你一定要细细研究体会，并还要尽心尽力去实行，切不可以把自己的大好光阴荒废了啊。

第二篇　改过之法

春秋①诸大夫，见人言动，亿②而谈其祸福，靡不验者，左、国③诸记可观也。大都吉凶之兆，萌④乎心而动乎四体⑤。其过于厚者常获福，过于薄者常近祸。俗眼多翳⑥，谓有未定而不可测者。至诚合天⑦，福之将至，观其善而必先知之矣。祸之将至，观其不善而必先知之矣。今欲获福而远祸，未论行善，先须改过。

【注释】

①春秋：中国历史阶段之一。具体的起讫有三种说法：一种认为是公元前770—公元前476年，一种认为是公元前770—公元前453年三家灭智，第三种说法认为是公元前770—公元前403年三家分晋。孔子曾作《春秋》，记载了当时鲁国的历史，而这部史书中记载的时间跨度，从周平王四十九年开始，到周敬王三十九年，共计242年，正好与春秋时代大体相当，所以后人就将这一历史阶段称为"春秋时代"。

②亿：应同"臆"，猜想之意。

③左、国：指《左传》与《国语》二书。

④萌：萌芽，刚发生。

⑤四体：人的四肢。

⑥翳：遮蔽，障蔽；遮蔽物。

⑦合天：合乎自然；合乎天道。

【译文】

　　春秋时期各国的卿大夫们,他们每每通过一个人的语言、行为,加以分析,便能判断这个人未来的吉凶祸福,并且没有不灵验的。这在《左传》《国语》等各类记载史实的书中都能看得到。大凡一个人在尚未发生事情之前,预先显露出的吉凶祸福的征兆,都是发自于他的内心,而表现于他的外在行为。凡是那些待人处事比较稳重、厚道的人,常常能够获得较多的福报;而那些行为不庄重、过分刻薄的人,常常会招致灾祸。一般人学问不深,见识浅陋,没有识人之明,就像是眼睛被眼翳病遮蔽了一般,什么也看不清楚,却还说祸福是无定的,是无法预测的。我们知道,一个人如果能以至诚之心待人,那么他的心就会与天道吻合。那么一个人的福报是否即将到来,只须看他所做的善行,就必定能够预先得知了;他的灾祸是否即将降临,只须看他所做的恶行,也必定能够预先推测出来。现在想要获得福报而远离灾祸,在还没有讲到行善之前,就必须先从改正自己的缺点、过失开始。

　　但改过者,第一,要发耻心。思古之圣贤,与我同为丈夫①,彼何以百世可师?我何以一身瓦裂②?耽染③尘情④,私行不义,谓人不知,傲然无愧,将日沦于禽兽而不自知矣;世之可羞可耻者,莫大乎此。孟子曰:"耻之于人大矣。以其得之则圣贤,失之则禽兽耳。"此改过之要机⑤也。

【注释】

①丈夫:此指男人,男子汉。
②瓦裂:像瓦片一般碎裂。比喻分裂或崩溃破败。
③耽染:污染,沉溺。
④尘情:犹言凡心俗情。

⑤要机：关键，诀窍。

【译文】

只是改过的方法，第一，要生起羞耻心。想想古代的那些圣贤大德，跟我们一样是个男人，为什么他们能够流芳百世，成为大家可以学习的榜样？而我为什么却一事无成，甚至于身败名裂呢？这都是由于过分沉溺于逸乐，受到世俗欲望的染污，并且偷偷地做些伤天害理的不合乎义理的事，还以为别人不知道而表现出一副傲慢的样子，没有一点羞耻之心；就这样一天天沉沦，逐渐变成了禽兽之流，但自己却没有发觉。世界上各种令人羞耻惭愧的事情，都没有比这个更大的了。孟子说："耻字对于一个人来说，实在是关系太重大了！因为一个人若能知耻，就可以成就圣贤之道；如果不懂得羞耻，那便同禽兽一般了。"这些话都是改过的重要诀窍呀！

第二，要发畏心。天地在上，鬼神难欺，吾虽过在隐微①，而天地鬼神，实鉴临②之，重则降之百殃，轻则损其现福，吾何可以不惧。不惟是也。闲居之地，指视昭然③，吾虽掩之甚密，文④之甚巧，而肺肝早露，终难自欺；被人觑破，不值一文矣，乌⑤得不懔懔⑥？不惟是也。一息尚存，弥天之恶⑦，犹可悔改。古人有一生作恶，临死悔悟，发一善念，遂得善终者。谓一念猛厉⑧，足以涤百年之恶也。譬如千年幽谷，一灯才照，则千年之暗俱除。故过不论久近，惟以改为贵。但尘世无常，肉身易殒⑨，一息不属⑩，欲改无由矣。明则千百年担负恶名，虽孝子慈孙，不能洗涤；幽则千百劫沉沦狱报，虽圣贤佛菩萨，不能援引。乌得不畏？

【注释】

①隐微：隐私，即隐蔽的地方。

②鉴临：鉴，察照；临，到。意为亲眼到现场看到一样，看得清清楚楚。

③指视昭然：指视，即"十手所指，十目所视"，指大家所能看到的地方；昭，就是"明明白白"；然，副词字尾，无义。

④文：掩饰。

⑤乌：指原因或理由，怎么。

⑥懔懔：危惧，戒慎的样子。

⑦弥天之恶：指罪恶无边。弥，是充满的意思。

⑧猛厉：猛烈，严厉刚烈。

⑨殒：死亡，消失。

⑩一息不属：属，是归属。一息不属，引申为"一口气不来"。

【译文】

第二，是要生起敬畏心。须知，我们的头顶上有天地鬼神在监察着，他们是难以欺骗的。我们即使是在非常隐蔽的地方犯了过，大家不易发觉，但是天地鬼神却如亲临现场看到一样，知道得清清楚楚。所犯的罪业如果很重大，必定会有众多灾祸降临我们身上；就算是过失较轻，也会减损我们现有的福报。我怎么可能不惧怕呢？

不仅如此！就算是在没有人在的空闲之地，神明仍然如"指视昭然"，如同身临其境一样能清清楚楚地看到、听到人们的一切作为。我们虽然掩饰得非常隐秘，文饰得非常巧妙，但是内心的种种想法念头早已暴露在神明的面前，终究难以自我欺瞒。如果被人看破了，那么也就会变得一文不值了，又怎么能够不常怀敬畏之心呢？

不仅这样！一个人只要还有一口气在，就算犯下了滔天大罪，也还是能够悔过改正的。古人有一辈子都在作恶,到了临终时却悔悟改过,萌发了一个善的念头,从而获得善终的。这就是说,只要能够发出一个勇猛坚决的善念,就完全可以洗刷掉他一生所犯的罪恶!这就有如千年太阳照射不到的幽暗山谷,只要有一盏灯光照射进去,那么千年的黑暗也就可以完全除去。所以过失不论是久远前犯的,还是最近犯的,只要能改,那就是最可贵的。

况且我们所处的这个世间,是一个幻灭无常的世界,我们的肉身很容易死亡,只要一口气上不来,这个肉身就不再是我的了。到这个时候,我们就是想要改过,也没有办法了。因此,在明面阳间的报应上,我们将承受千百年的恶名,就算有孝子慈孙,也洗刷不掉这种恶名;至于看不见的报应,在阴世,还要以千百劫的时间,沉沦在地狱里受罪,纵是遇到圣贤、佛菩萨们,也无法救助、接引。这怎么可能让人不惧怕呢?

第三,须发勇心。人不改过,多是因循退缩。吾须奋然振作,不用迟疑,不烦等待。小者如芒刺在肉①,速与抉剔②;大者如毒蛇啮指,速与斩除,无丝毫凝滞③,此风雷④之所以为益也。

【注释】

①芒刺在肉:如同有芒刺扎在肉里。形容内心惶恐,坐立不安。芒刺,指植物茎叶、果壳上的小刺或谷类壳上的细刺。
②抉剔:拔掉,剔除。抉,挑选;剔,拔除。。
③凝滞:拘泥;粘滞;停止流动。
④风雷:指《易经》第42卦的《益卦》,上巽,下震;巽为风,震为雷。这一卦,象征万物生长、得大利益的意思。

【译文】

第三，必须发起勇猛心。人在犯过之后不能够改正，大都因为得过且过，退堕畏缩，不能振作精神，向上奋发的缘故。我们在明白自己的过失后，必须立即下定决心改正过来，不应有丝毫的迟疑，更不应当犹豫不决，东等西等，今天等待明天，明天等待后天。小的过失，要像尖刺戳进肉内一般对待，必须赶快地剔除；大的罪业，要像被毒蛇咬到手指一样对待，必须第一时将指头切除，不可以有一点点犹豫和停顿，否则毒液蔓延到全身，就会立即死亡。这便是《易经》中，风雷之所以构成《益卦》的道理所在。

具是三心，则有过斯①改，如春冰遇日，何患不消乎？然人之过，有从事上改者，有从理上改者，有从心上改者，工夫不同，效验②亦异。

【注释】

①斯：乃，就。

②效验：功效；预期的效果。

【译文】

如果具备了耻心、畏心和勇心这三种心，那么一旦犯了过失就能够马上改正，就好像春天的冰雪遇到了阳光，何须担心它不会融化掉吗？然而人们过失，有从犯所过失的事实本身上戒除的，有从认识其中的道理而去改正的，也有从心念上来改正的，他们所付出的努力程度不一样，因此所得到的效果也就有所不同。

如前日杀生，今戒不杀；前日怒詈①，今戒不怒，此就其事而改之者也。强制于外，其难百倍，且病根终在，东灭西生，非究竟②廓然③之道也。

【注释】

①怒詈：发怒，责骂。

②究竟：毕竟；到底。

③廓然：阻滞尽除的样子。

【译文】

比如，有人前天还杀害生命，但今天就已戒除不再杀了；前天还发怒骂人，今天也戒除不再发怒了，这就是从所犯事情的本身上来改过。但是这种改过之法只是从外在来强制约束自己，这会比从根本上自然改正要难上百倍；而且其犯过的根源仍然存在，在东边把它消灭了，西边又会冒出来，这实在不是彻底扫除干净改过的方法。

善改过者，未禁其事，先明其理。如过在杀生，即思曰："上帝①好生，物皆恋命，杀彼养己，岂能自安？且彼之杀也，既受屠割，复入鼎镬②，种种痛苦，彻入骨髓。己之养也，珍膏③罗列④，食过即空，疏食菜羹，尽可充腹，何必戕⑤彼之生，损己之福哉？"又思血气之属⑥，皆含灵知；既有灵知⑦，皆我一体，纵不能躬修至德，使之尊我亲我，岂可日戕物命，使之仇我憾我于无穷也？一思及此，将有对食伤心，不能下咽者矣。

【注释】

①上帝：上苍，上天。

②鼎镬：鼎与镬，古代两种烹饪器。镬，音 huò。

③珍膏：此指美味佳肴，山珍海味。

④罗列：排列，陈列。

⑤戕：音 qiāng。杀害。

⑥血气之属：指有血有气的生命体。

⑦灵知：犹灵觉。指所有生合体所具有的灵性。

【译文】

善于改过的人，在还没有禁止他去做某种事情之前，会先去了解此事不可以做的道理。例如一个人即将犯杀生的过失，他当即就应该想到："上天有好生之德，凡是万物都会珍惜自己的生命，如果将它们杀了来滋养自己的身体，又怎么能够心安呢？而且当它们被杀时，已经遭受到了宰割，在尚未断气之前，还要被放到锅子里烹煮，那种种无法形容的痛苦，直接穿透进入到了骨髓里面。再者，人们为了蓄养自己，满足口腹之欲，将各类珍稀美味摆在面前，尽情享受，却从未想过这些美食入口之后，便会化成粪渣排出，到最后什么都不会留下；其实蔬菜素汤，尽可以营养身体、增长寿命，又何必一定要去伤害别的生命，来折损自己的福报呢！"

同时还要想到，凡是有血有气的生命，都具有灵性知觉；既然是有了灵性知觉，那么就与我们人类一样有情有生命了，就算我们自己不能够修到至高的德行，使它们来尊崇我、亲近我，又怎么可以天天杀害它们的生命，使它们与自己结下生死冤仇，恨我怨我一直没有尽期呢？一想到这，面对着满桌的血肉之食，不禁生出悲伤怜悯之心，不再忍心吞食了。

如前日好怒，必思曰：人有不及，情所宜矜①；悖理相干②，于我何与？本无可怒者。又思天下无自是③之豪杰，亦无尤人④之学问；行有不得，皆己之德未修，感未至也。吾悉以自反⑤，则谤毁之来，皆磨炼玉成⑥之地，我将欢然受赐，何怒之有？

【注释】

①矜：同情、哀怜。

②干：干扰；侵犯。
③自是：自以为是。
④尤人：怨恨、抱怨他人。
⑤自反：自我反省。
⑥玉成：敬辞，促成、成全之意。

【译文】

比如以前我喜欢发脾气，就应该想到：每个人都会有短处，从情理上来说，这本来就应该加以同情和原谅；如果有人违反情理而冒犯了我，那是他自己的过失，与我又有什么关联呢？这本来就没有什么可愤怒的。还应想到，天下没有自以为是的英雄豪杰，也没有怨恨别人的学问；如果所做的事情不能称心如意，那都是自己的德行修得不好，涵养不足，感动人的力量还不够！如果这些我都能够自我反省，那么各种外来的毁谤与伤害，都将成为磨炼我、成就我的助缘。因此，我将要高高兴兴地接受别人的指摘和批评，又有什么可怒可恨的呢？

又闻谤而不怒，虽谗焰熏天，如举火焚空，终将自息；闻谤而怒，虽巧心①力辩，如春蚕作茧，自取缠绵②；怒不惟无益，且有害也。其余种种过恶，皆当据理思之。

此理既明，过将自止。

【注释】

①巧心：巧妙的心思。
②自取缠绵：意即自己困住自己。

【译文】

再者，如果听到别人的毁谤而能不发怒，那么即使这些坏话说得像火焰熏满天空，也只不过是痴人拿着火把，想要焚烧虚空一样,最终将会自己熄灭、停止。如果是听到毁谤就动怒,那么即使费尽巧妙的心思努力为自己辩护,也只会像春天的蚕儿吐丝作茧一样,将自己缠缚住。所以,发怒不但对自身没有好处,而且还会有害处。至于其它的种种过失和罪恶,都应当依据客观实际来认真思考。

这种道理若是能够明白,过失自然就会停止,不会再犯。

何谓从心而改? 过有千端,惟心所造。吾心不动,过安从生?学者于好色、好名、好货①、好怒,种种诸过,不必逐类寻求。但当一心为善,正念现前,邪念自然污染不上。如太阳当空,魍魉②潜消,此精一③之真传也。过由心造,亦由心改,如斩毒树,直断其根,奚④必枝枝而伐,叶叶而摘哉?

【注释】

① 货:财物。

② 魍魉:古代传说中的山川精怪。一说为疫神,传说颛顼之子所化。泛指鬼怪。

③ 精一:意为精纯。

④ 奚:疑问代词,相当于"胡"、"何"。

【译文】

什么叫做从心地上来改过呢?人们所犯下的过失,虽然各种各样达千种之多,但这都是由自己的心造作的;如果自己能够不起心动念,过失又将从哪里产生呢?一个追求学问的读书人,对于爱好美色、喜得浮名、贪爱财物、喜欢发怒等种种过失,不必一项一项地去寻找改过的方法,只要能够一心一意地发善心、做好事,等正大光明的心念涌现,那么自然就不会被偏邪的恶念所沾染。这就好像太阳在空中普照着大地,所有的妖怪自然就会隐藏、消失，这是改过最为精诚专一的诀窍。

人的过失是由心所造作的，所以也应当从心地上来改正；就如同要斩除毒树，必须直接砍断它的根，不让它再度发芽，又何必一枝一枝地去砍伐，一叶一叶地去摘除呢？

大抵最上①治心，当下清净；才动即觉，觉之即无；苟②未能然，须明理以遣之；又未能然，须随事以禁之。以上事③而兼行下功④，未为失策。执下而昧上，则拙矣。

【注释】

①最上：最好的最上乘的方法。
②苟：如果。
③上事：行以最上乘的方法。
④下功：指最下等的功力成就。

【译文】

大抵最高明的改过方法，是从修心上来下工夫，这样当下就能让心地清净；每当心中坏念刚起时，就能够立刻觉察到，然后马上让这种念头消失，过失自然不会再产生。如果达不到这种境界，就必须明了其中的道理，以便将坏念头打发。若再办不到，那就只好随着恶事将犯时，以强制的方式来禁止自己犯过。如果能以上乘的治心工夫，并且兼用明理与禁止两种较下乘的方法来约束自己的念头，这也不失是个好方法；如果只是执着于下乘方法，而不知道用上乘的方法，那就实在是太愚笨了。

顾①发愿改过，明须良朋提醒，幽须鬼神证明；一心忏悔，昼夜不懈，经一七②、二七，以至一月、二月、三月，必有效验。

【注释】

①顾：但，只是。

②一七：犹一周。泛指七天。后边"二七"同理。

【译文】

但是发愿要改过也需要有助缘，明处须有良师益友从旁提醒，暗处须要有鬼神来做证明。只要能够真诚恳切、一心一意地忏悔以往所造作的过失，如此日夜施行，毫不怠惰，那么经过一星期、两星期，一直到一个月、两个月、三个月之后，必定就会产生效果。

或觉心神恬旷①，或觉智慧顿开，或处冗沓②而触念皆通，或遇怨仇而回嗔作喜③，或梦吐黑物，或梦往圣先贤提携接引，或梦飞步太虚④，或梦幢幡宝盖⑤，种种胜事⑥，皆过消罪灭之象也。然不得执此自高，画⑦而不进。

【注释】

①恬旷：淡泊旷达。

②冗沓：繁杂之意。

③回嗔作喜：由生气转为喜欢。嗔，生气。

④太虚：太空，宇宙。

⑤幢幡宝盖：幢幡，特指刹上之幡。幡，用竹竿等挑起来直着挂的长条形旗子；幢，古代原指支撑帐幕、伞盖、旌旗的木竿，后借指帐幕、伞盖、旌旗。宝盖，佛道或帝王仪仗等的伞盖。

⑥胜事：殊胜、美好的事情。

⑦画：指画地自限，画地为牢。意思是把自己上进的路断了。

【译文】

到了这个阶段，你或者感觉精神愉悦，心境开朗；或者感觉你的智慧忽然大开，触理便悟；或者虽处在烦忙纷乱之际，心理上都能清清朗朗，无所不通；或者是遇到往日冤家仇人而能把瞋恨心消除，心生欢喜；或者梦到吐出因过去造作的恶业，所形成的污秽黑物，而顿生清凉；或者梦见古圣先贤来帮助接引，前程光明；或者梦到在太空中飞行漫步，自在逍遥；或者梦见各类庄严的旗帜，以及用珍贵的珠宝所装饰的伞盖。像这些殊胜的情况，都是过失消除、罪业灭去的征象！但我们不能因遇到了这种种祥瑞的象征、胜境，而就自以为高人一等，因此画地自限，不再努力求进步了。

昔蘧伯玉①当二十岁时，已觉前日之非而尽改之矣。至二十一岁，乃知前之所改未尽也；及二十二岁，回视二十一岁，犹在梦中，岁复一岁，递递②改之，行年五十，而犹知四十九年之非，古人改过之学如此。

【注释】

①蘧伯玉：名瑗，今长坦县伯玉村人（一说今濮阳县老渠村人）。约生于公元前585年左右，卒于公元前484年以后，是位年逾百岁的寿星；春秋时期卫国大夫、孔子弟子。事卫三公（献公、襄公、灵公），因贤德闻名诸侯。

②递递：连续的意思。

【译文】

从前，春秋时代卫国的贤大夫蘧伯玉，在二十岁的时候，就已经能够时时反省、觉察自己以往的过失，进而完全地改正过来。到了二十一岁，知道以前的过失尚未完全改掉；及至二十二岁，回头检点二十一岁时的自己，就如同身处梦中一般，还会糊里糊涂地犯过。这样一年又一年地逐步改正过失，直到五十岁那年，还察知过去四十九年尚存的过失。古人对于改过之学的学习态度，就是这么认真、严格。

吾辈身为凡流①，过恶猬集②，而回思往事，常若不见其有过者，心粗而眼翳也。然人之过恶深重者，亦有效验：或心神昏塞③，转头即忘；或无事而常烦恼；或见君子而赧然④消沮⑤；或闻正论而不乐；或施惠而人反怨；或夜梦颠倒，甚则妄言失志，皆作孽⑥之相也，苟一类此，即须奋发，舍旧图新，幸勿自误。

【注释】
①凡流：平凡之人；庸俗之辈。
②猬集：事情繁多，像刺猬的硬刺那样丛聚，比喻众多。
③昏塞：昏愦闭塞；昏聩。
④赧然：形容难为情的样子，羞愧的样子。
⑤消沮：沮丧。
⑥作孽：指作乱，作恶。

【译文】
像我们这种庸碌的凡夫，所犯的过失就像是刺猬身上的毛一般，丛集于一身，但回想以前所做过的事情，却常会像是看不到有什么过失一样；这实在是由于自己太过粗心大意，不晓得要仔细去省察，眼睛像是长了翳病一般，看不清楚自己的过失呀！然而一个人的过失、罪恶如果较为深重，也会出现征兆以作检验的：有的心思封闭、精神昏沉，所交付的事情转身就忘记；有的虽然没有什么可以烦恼的事，却常现出一副烦恼相；有的遇到品德高尚的人，却显出难为情、见不得人的样子，提不起精神；有的听到圣贤之道，心里却不欢喜；有的在布施恩惠给别人时，反而招致对方的埋怨；有的夜里梦见一些颠颠倒倒的恶梦，甚至经常语无伦次，失去了正常的模样。这些都是因为过去造作罪孽，所应现出来的表征。如果一出现与此类似的情况，就应该振作精神，舍弃过去不好的思想行为，力图开辟崭新而正确的人生大道，希望你不要耽误自己的前程。

第三篇　积善之方

易①曰："积善之家，必有余庆。"昔颜氏②将以女妻叔梁纥③，而历叙其祖宗积德之长，逆知其子孙必有兴者。孔子称舜之大孝，曰："宗庙飨④之，子孙保之。"皆至论⑤也，试以往事征⑥之。

【注释】

①易：此指《易经》。

②颜氏：指孔子的母亲家姓氏。其母姓颜，二十岁时嫁给孔子父亲。

③叔梁纥：孔子的父亲，名纥，字叔梁，生于公元前622年，卒于公元前549年。春秋时期宋国人。曾是宋国君主的后代。后来，流亡到鲁国的昌平陬邑（今山东曲阜市）。其人品出众，博学多才，兼会武功，且又是陬邑的大夫（古代高级官职），与鲁国的著名将领狄虒弥、孟氏家臣秦堇父合称为"鲁国三虎将"。

④飨：音xiǎng。用酒食招待客人，泛指请人受用。

⑤至论：指高超的或正确精辟的理论。

⑥征：证明，证验。

【译文】

《易经》上说，积善的家庭，一定会有很多福分喜庆的事。例如，从前姓颜的人家，要把他的女儿许配给孔子的父亲，就将孔家所作的事情，一件一件都提出来，觉得孔家祖先所积的德，多而且长久，所以预知孔家的子孙，将来必定会大发。后来果然生出了孔子。还有，孔子称赞舜的孝，是不平凡的孝顺，孔子说："像舜这样的大孝,不但祖先要享受他的祭祀;并且他的世世代代子孙可以保住他的福德,不会败落。"这些都是至情至理的说法。现在我再以过去发生真实的事情,来证明积善的功德。

杨少师荣①,建宁人。世以济渡②为生,久雨溪涨,横流冲毁民居,溺死者顺流而下,他舟皆捞取货物,独少师曾祖及祖惟救人,而货物一无所取,乡人嗤其愚。逮③少师父生,家渐裕,有神人化为道者,语之曰:"汝祖父有阴功④,子孙当贵显,宜葬某地。"遂依其所指而窆⑤之,即今白兔坟也。后生少师,弱冠⑥登第,位至三公⑦,加⑧曾祖、祖、父,如其官。子孙贵盛,至今尚多贤者。

【注释】

①杨少师荣:即杨荣(公元1371年-公元1440年),字勉仁,初名子荣,福建建宁人。建文帝时进士,累官谨身殿大学士、工部尚书,宣德年间加为少师少傅,卒年70,谥"文敏公",有《杨文敏集》问世。

②济渡:即摆渡。用舟渡人过河。

③逮:音dài。到,及。

④阴功:即阴德。

⑤窆:音biǎn。下葬。

⑥弱冠:过去男子满二十岁时行冠礼,表示已经成人,但体还未壮,所以称故弱冠。后泛指男子二十左右的年纪。

⑦三公:古官名,其说法各异。此指明代三公,即太师、太傅、太保(少师、少保、少傅包括在内)。明仁宗之后,三公皆为虚衔,为勋戚文武大臣加官、赠官。

⑧加:封官。

【译文】

　　有一位做过少师的人,姓杨名荣,是福建省建宁人。他家世代以摆渡为生。有一次,雨下得太久,溪水暴涨,水势汹涌横冲直撞,把民房都冲失了,被淹死的人顺着水势一直流下来。其它的船都去捞取水中漂来的各种财货,只有杨少师的曾祖父和祖父,专门去救水里漂来的灾民,而财物一件都没有捞取,乡人都偷笑他们是傻瓜。等到少师的父亲出生后,他们的家道也渐渐变得宽裕了。有一位神仙化做道士的模样,向少师的父亲说:"你的祖父和父亲,都积了许多阴功,所生的子孙应该发达做大官。你可以将你的父亲葬在某一个地方。"少师的父亲听了,就按照道士所指定的地方,把他的祖父和父亲安葬了。这座坟,就是现在大家所知道的白兔坟。后来少师出生了,二十岁时就中了进士。一直做官,做到三公里面的少师。皇帝还追封他的曾祖父、祖父、父亲,与少师一样的官位。而且少师的后代子孙,都非常兴旺,一直到现在还有许多贤能之士。

　　鄞①人杨自惩②,初为县吏③,存心仁厚,守法公平。时县宰④严肃,偶挞一囚,血流满前,而怒犹未息,杨跪而宽解⑤之。宰曰:"怎奈此人越法悖理⑥,不由人不怒。"

【注释】

①鄞:地名,今浙江鄞县,即宁波。
②杨自惩:明代时期人,具体生平不详。
③县吏:古时县里的吏役书办。
④县宰:即县令、县长的别称。
⑤宽解:宽慰劝解,使解除烦恼。此指为人求情,请求宽恕之意。

⑥越法悖理：指违犯法律、常理。

【译文】

浙江宁波人杨自惩，起初在县衙做书办，心地非常厚道，而且守法公平，做事公正。当时的县官，为人严厉方正，有一次偶然打了一个囚犯，打到鲜血流满了眼前的地面，县官还是不息怒。杨自惩见了就跪下，替囚犯向县官求情，请县官宽谅那个囚犯。县官说："你求情本来没有什么不能宽恕的，但是这个囚犯不守法律，违背道德伦理，让人不能不生气啊！"

自惩叩首曰："上①失其道，民散久矣，如得其情，哀矜勿喜②；喜且不可，而况怒乎？"宰为之霁颜③。

【注释】

①上：此指当时的朝廷。

②哀矜勿喜：指对遭受灾祸的人要怜悯，不要幸灾乐祸。哀矜，哀怜，怜悯。语出《论语·子张》。

③霁颜：指收敛威怒的脸貌。

【译文】

杨自惩一边叩头一边说："朝廷政治黑暗、贪污、腐败，已经没有是非可言了，民心散失也已经很久了。如果案件审出了实情，我们应该替他们伤心，应当怜悯他们，而不应幸灾乐祸，不可以因为审出了案情，就心生欢喜。既然欢喜都不可以，又怎么能够生气发火呢？"县官听了杨自惩的话，非常感动，面容立即和缓下来，不再发怒了！

家甚贫，馈遗①一无所取，遇囚人乏粮，常多方以济之。一日，有新囚数人待哺，家又缺米，给囚则家人无食，自顾则囚人堪悯，与其妇商之。

妇曰："囚从何来？"

曰："自杭而来。沿路忍饥，菜色可掬②。"

因撤己之米，煮粥以食囚。后生二子，长曰守陈，次曰守址，为南北吏部侍郎③，长孙为刑部侍郎④，次孙为四川廉宪⑤，又俱为名臣；今楚亭、德政⑥，亦其裔也。

【注释】

①馈遗：赠送之意。

②菜色可掬：形容人因饥饿而脸如又青又黄的菜色，几乎可以用手捧起来。

③南北吏部侍郎：在明代，南指南京（明代的分都）；北指北京，是正式首都。吏部，是当时政府六部之首都，主管国家人事。侍郎，是该部的副首长，如同今天的副部长。

④刑部侍郎：刑部主管司法行政。刑部侍郎，即司法副首长。

⑤廉宪：原是提刑按察司，又称意访，又叫臬台，主管省级司法风纪。

⑥楚亭、德政：均为人名，杨自惩后代。

【译文】

杨自惩的家里很是贫穷，虽然如此，但是别人送他东西，他一概不肯接受。碰到囚犯缺粮时，他却常常想方设法去弄一些米来，救济他们。有一天来了几个新的囚犯，没有东西吃，非常饿。而当时他自己家里刚巧也缺米，若是拿来给囚犯吃，那么自己家人就没得吃了；如果只顾自己吃，那么囚犯又饿得很可怜。没有办法，便同他的妻子商量。

他的妻子问他："犯人从什么地方来的？"他回答说："从杭州来的。沿途挨饿，脸上饿得没有一点血色；就像一种又青又黄的菜色，几乎可以用手捧起来。"

因此，夫妇俩就把自己所存的一些米煮成稀饭，给新来的囚犯吃。后来，他们生了两个儿子，大的叫做杨守陈，小的叫做杨守址，官做到了南北吏部侍郎。大孙子做到了刑部侍郎，小孙子也做到了四川按察使。两个儿子，两个孙子，都是名臣。现今的两个名人楚亭和德政，也是杨自惩的后代。

昔正统①间，邓茂七倡乱②于福建，士民从贼者甚众，朝廷起鄞县③张都宪④楷南征，以计擒贼，后委布政司谢都事⑤，搜杀东路贼党。谢求贼中党附册籍，凡不附贼者，密授以白布小旗，约兵至日，插旗门首，戒军兵无妄杀，全活万人。后谢之子迁，中状元，为宰辅⑥；孙丕，复中探花。

【注释】

①正统：明英宗年号，从1436年至1449年。

②倡乱：造反，带头作乱。

③鄞县：地名，在中国浙江省，即宁波市鄞州区。

④都宪：明代都察院、都御史的别称。主管全国官吏之风纪、弹劾、纠举。

⑤布政司谢都事：类似今之省主席（清时称藩台），主管省级行政、钱粮及官吏赏罚去留。都事，是布政司属下的重要属员。

⑥宰辅：辅政的大臣。

【译文】

过去明英宗正统年间，有一个土匪首领叫做邓茂七，在福建一带造反。福建的读书人和老百姓，跟随他一起造反的很多。当时朝廷就起用曾经担任都御使的鄞县人张楷，去搜剿他们。张都宪用计策把邓茂七捉住了。后来张都宪又派了福建布政司的一位都事谢某,来搜剿福建沿海一带的残匪。谢都事怕杀错人,不肯乱杀。于是他便向各处寻找依附贼党的名册,查出来凡是没有依附贼党,名册里还没有他们姓名的人,就暗中给他们一面白布小旗,约定他们,在搜查贼党的官兵到来的那一天,就把这面白布小旗插在自己家门口,表示是清白的民家,并且禁止官兵不准乱杀。因为有这种措施而避免被杀的人,大约有一万人之多。后来谢都事的儿子谢迁,中了状元,官至宰相。而且他的孙子谢丕,也考中了探花。

莆田①林氏,先世有老母好善,常作粉团施人,求取即与之,无倦色②。一仙化为道人,每旦索食六七团,母日日与之,终三年如一日,乃知其诚也。因谓之曰:"吾食汝三年粉团,何以报汝?府后有一地,葬之,子孙官爵,有一升麻子之数。"其子依所点葬之,初世即有九人登第,累代簪缨③甚盛,福建有无林不开榜之谣。

【注释】
①莆田:县名,地处福建。
②倦色:懈怠厌倦的神色。
③簪缨:古代达官贵人的冠饰。后遂借以指高官显宦。

【译文】
福建省莆田县的林家,在他们的上辈中,有一位老太太喜欢做善事,时常用米粉做成粉团施给穷人吃。只要有人向她要,她就立刻给,脸上没有一点厌烦的神色。有一位仙人,变作道士,每天早晨向她讨六七个粉团。老太太每天都给他,一连三年,每天都这样,没有厌烦过。仙人知道她是诚心做善事,就对她说:"我吃了你三年的粉团,要怎样报答你呢?这样吧,你家后面有一块地,若是你死后葬在这块地上,将来你的子孙做官的,会有一升麻子那样多。"

后来老太太去世了,她的儿子依照仙人的指示,把老太太安葬在屋后那块地。林家的子孙第一代考取科第的,就有九人。后来,世代做大官的人都非常多。因此,在福建省竟有一句"如果没有姓林的人去赴考,就不能发榜"的传言。

冯琢庵①太史②之父,为邑庠生③。隆冬早起赴学,路遇一人,倒卧雪中,扪④之,半僵矣。遂解己绵裘衣之,且扶归救苏。梦神告之曰:"汝救人一命,出至诚心,吾遣韩琦⑤为汝子。"及生琢庵,遂名琦。

【注释】

①冯琢庵:本名冯琦,字用韫,明神宗万历年间进士,官至礼部尚书。著有《北海集》。

②太史:翰林的敬称。

③邑庠生:古代学校称庠,故学生称庠生。明清科举制度中,府、州、县学生员称为邑庠生,州县学称为"邑庠",庠生也就是秀才,因此秀才也叫"邑庠生"。

④扪:摸。

⑤韩琦:宋仁宗天圣年间(1023年—1031年)进士,字稚圭,官至中书、门下平章事,拜右仆射(相位),封魏国公。著有《安阳集》,与范仲淹齐名。

【译文】

冯琢庵太史的父亲,当他还在县学里做秀才的时候,冬天一个寒冷的大清早,在去县学的路上,他碰到了一个倒在雪地里的人。用手一摸,发现那人已经冻得半死了。于是冯老先生马上把自己穿的棉袍,脱下来给那人穿上,并且把他扶到家里救醒了过来。冯老先生救人后做了一个梦,梦中一位天神告诉他说:"你救了他人一命,且完全出自一片至诚之心,所以我将让韩琦投生到你家做你的儿子。"等到后来生了琢庵,就给他取名做冯琦。

台州①应尚书②,壮年习业于山中。夜鬼啸集,往往惊人,公不惧也。一夕闻鬼云:"某妇以夫久客不归,翁姑③逼其嫁人。明夜当缢死于此,吾得代矣。"公潜④卖田,得银四两,即伪作其夫之书,寄银还家。其父母见书,以手迹不类,疑之。既而⑤曰:"书可假,银不可假,想儿无恙。"妇遂不嫁。其子后归,夫妇相保如初。

【注释】

①台州:地名,位于浙江省中部沿海,东濒东海,南邻温州市,西与金华和丽水市毗邻。

②应尚书:即应大猷(1487年—1581年),浙江仙居人,字邦升,号谷庵。明武宗正德年间进士,官至刑部尚书,卒时九十六岁。明史有传。

③翁姑:指公公婆婆。

④潜:悄悄地,偷偷地。

⑤既而:不久,一会儿,副词,指上件事情发生后不久。

【译文】

浙江台州有一个叫应大猷的尚书,壮年的时候在山中读书。夜里鬼常聚集在一起,做出多种怪嚎声来吓唬人,但是应公不怕鬼。有一天夜里,应公听到一个鬼说:"有一个妇人,因为丈夫出远门,很久没回来,她的公婆认为儿子可能已经死了,所以要逼这个妇人改嫁,而这个妇人却要守节,不肯改嫁。所以明天夜里,她会在这里上吊,那样我便可以找到一个替身了。"应公听到这些话,便偷偷地把自己的田卖了,得了四两银子,并马上假托她丈夫的名义写了一封信,连同银子寄回了妇人家。这位妇人的公婆看了信以后,因为笔迹不像,所以怀疑信是假的。但是后来又一想:"信是可以假的,但是银子不能是假的呀!想来儿子应该没事。"于是他们就不再逼媳妇改嫁了。后来他们的儿子回来了,这对夫妇就像从前初婚时一样,能安全地厮守一起了。

  公又闻鬼语曰:"我当得代,奈此秀才坏吾事。"
  傍一鬼曰:"尔何不祸①之?"
  曰:"上帝以此人心好,命作阴德尚书矣,吾何得而祸之?"
  应公因此益自努励,善日加修,德日加厚;遇岁饥,辄捐谷以赈之;遇亲戚有急,辄委曲②维持;遇有横逆③,辄反躬自责,怡然④顺受。子孙登科第者,今累累⑤也。

【注释】

① 祸:祸害。
② 委曲:殷勤周至。
③ 横逆:横暴无理的行为。
④ 怡然:安适自在的样子。
⑤ 累累:表示很多的意思。

【译文】

  隔天晚上,应公又听到那个鬼说:"我本来可以找到替身了,哪知道被这个秀才坏了我的事啊。"
  旁边一个鬼说:"那你为什么不去害死他呢?"
  那个鬼说:"天帝因为这个人心好,有阴德,已经派他去做阴德尚书了,我怎么还能害他呢?"

应公听了这两个鬼的对话，因此就更加努力，更加发心勉励，善事一天一天去做，功德也一天一天地增加；碰到荒年的时候，便捐出米谷救人；碰到亲戚有急难时，便想尽办法帮助他们渡过难关；碰到蛮不讲理的人或不如意的事，便总是自我反省自己的过失，心平气和地接受事实。所以他的子孙得到功名与官位的，到现在也还有很多。

常熟徐凤竹栻①，其父素富，偶遇年荒，先捐租以为同邑②之倡，又分谷以赈贫乏。夜闻鬼唱于门曰："千不诓，万不诓，徐家秀才，做到了举人郎。"相续③而呼，连夜不断。是岁，凤竹果举于乡，其父因而益积德，孳孳不怠④，修桥修路，斋僧接众，凡有利益，无不尽心。后又闻鬼唱于门曰："千不诓，万不诓，徐家举人，直做到都堂⑤。"凤竹官终两浙⑥巡抚⑦。

【注释】

①徐凤竹栻：即徐栻，字凤竹。江苏常熟人，生卒不详。

②邑：此指县。

③相续：连续不断。

④孳孳不怠：勤勉努力，毫不懈怠。孳，同"孜"。

⑤都堂：尚书省总办公处的称呼，"都"是总揽的意思。明代各衙署之长官因在衙署之大堂上处理重要公务，故称堂官；都察院长官都御史，副都御史，佥都御史，以及被派遣到外省带有这些兼衔的总督，巡抚，均通称都堂。

⑥两浙：即浙东、浙西，合称两浙，包括浙江全省。

⑦巡抚：官名，中国明清时地方军政大员之一，又称抚台。巡视各地的军政、民政大臣。

【译文】

江苏省常熟县有一位徐凤竹先生,他的父亲本来就很富有。偶然碰到了荒年,就先把他应收的田租完全捐掉,作为全县有田人的榜样。同时又分他自己原有的稻谷,去救济穷人。有一天夜里,他听到有一群鬼在门口唱道:"千也不说谎,万也不说谎,徐家的秀才,快要做到了举人郎!"那些鬼连续不断的呼叫,夜夜不停。这一年,徐凤竹去参加乡试,果然考中了举人。他的父亲因此更加高兴,努力不倦地做善事,积功德。他修桥铺路,施斋饭供养出家人;碰到缺米缺衣的人,也接济他们;凡是对别人有好处的事情,无不尽心的去做。后来他又听到鬼在门前唱道:"千也不说谎,万也不说谎,徐家举人,做官直做到了都堂!"结果徐凤竹做官真的做到了两浙的巡抚。

嘉兴屠康僖公①,初为刑部主事②,宿狱中,细询诸囚情状③,得无辜者若干人,公不自以为功,密疏④其事,以白⑤堂官⑥。后朝审⑦,堂官摘其语,以讯诸囚,无不服者,释冤抑⑧十余人。一时辇下⑨咸颂尚书之明。

【注释】

①屠康僖公:康僖,是谥号。屠康僖公,名勋,浙江平湖人。明宪宗成化年间进士,官至刑部尚书。着有《太和堂集》,明史有传。

②主事:官名,属于封建品级制度中较小的底层办事官吏。

③情状:情况,情由、经过。

④密疏:即密奏。

⑤白:告诉,奏明。

⑥堂官:明清对中央各部长官如尚书、侍郎等的通称,因在各

衙署大堂上办公而得名。

⑦朝审：明朝的一种审判制度，在秋后处决犯人之前，召集朝廷大臣共同复审死罪囚犯。这实际上是一种会审复核制度，表示对人生命的重视。

⑧冤抑：冤屈；冤枉。

⑨辇下："辇毂下"的省称。犹言在皇帝的车舆之下。代指京城。

【译文】

浙江省嘉兴县有一位姓屠名康僖的人，起初在刑部里做主事的官。一天夜里他住在监狱里，仔细地盘问每个囚犯的案情，结果发现被冤枉的有不少人。屠公并不因此觉得自己有功劳，而是暗中把这件事的原委写成文章，告诉了刑部尚书。后来到了秋审的时候，刑部堂官就把屠公所写的奏文，拣些要点来审问那些囚犯。囚犯们都老老实实的向堂官供认，没有一个不心服的。堂官因此还释放了原来冤枉的、被逼招认的十多个人。因此，这一时期京里的百姓都称赞刑部尚书能够明察秋毫。

公复禀曰："辇毂之下①，尚多冤民，四海之广，兆民②之众，岂无枉者？宜五年差一减刑官，核实而平反之。"

尚书为奏，允其议。时公亦差减刑之列，梦一神告之曰："汝命无子，今减刑之议，深合天心，上帝赐汝三子，皆衣紫腰金③。"是夕夫人有娠，后生应埙、应坤、应埈，皆显官④。

【注释】

①辇毂之下：义同衣紫腰金前"辇下"。辇毂，帝王的车驾。比喻帝王管辖下的京城，即天子脚下之意。

②兆民：古称太子之民，后泛指众民，百姓。

③衣紫腰金：身穿紫袍，腰佩金银鱼袋。这是大官装束，亦指做大官。衣，穿。

④显官：达官，高官。

【译文】

后来屠公又向刑部尚书上了一份公文说："天子脚下，尚且有那么多被冤枉的人，何况全国那么大的地方，有千千万万的百姓，怎么会没有被冤枉的人呢？应当每五年再派一位减刑官，到各地去详细核实每个囚犯的实情，据案情来减轻或者释放被冤枉之人。"

刑部尚书听了，就代为上奏皇帝，皇帝也准了他建议的办法。当时，正好屠公也在派遣之列。有一天晚上，屠公做了个梦，梦见一位天神告诉他说："你命里本来没有儿子，但是因为你提出减刑的建议，正与天心相合，所以上天赐给你三个儿子，将来都可以衣紫腰金，做大官。"这天晚上，屠公的夫人就有了身孕，后来生下了应埙、应坤、应埈三个儿子，他们果然都做了高官。

嘉兴包凭，字信之，其父为池阳①太守，生七子，凭最少，赘②平湖③袁氏，与吾父往来甚厚，博学高才，累举不第，留心二氏之学④。一日东游泖湖，偶至一村寺中，见观音像，淋漓露立，即解橐⑤中得十金，授主僧⑥，令修屋宇，僧告以功大银少，不能竣事⑦；复取松布⑧四匹，检箧⑨中衣七件与之，内纻褶⑩，系新置，其仆请已之。

【注释】

①池阳：即今陕西省泾阳县和三原县的部分地区。

②赘：招女婿。此指包凭入赘到平湖袁氏家。

③平湖：地名，属嘉兴辖区之一。

④二氏之学：此指佛、道两家学说。

⑤橐：口袋。

⑥主僧：寺庙的住持。

⑦竣事：了事；完事。

⑧松布：此指江苏松江县出产的布。

⑨箧：箱子一类的东西。

⑩纻褶：纻，同"苎"，苎麻纤维织成的衣；褶，是夹衣。引申为有单有夹的衣服。

【译文】

有一位嘉兴人，姓包名凭，号信之。他的父亲当时为安徽池州府的太守，生了七个儿子。包凭是最小的，他被平湖县一户袁姓人家招赘做女婿，和我父亲常常来往，交情很深。他的学问广博，才气很高，但是每次考试却都考不中。他对佛教、道教的学问，很有兴趣。

有一天，他到东边的卯湖游玩，偶然到了一处乡村的佛寺里。因为寺内房屋坏了，观世音菩萨的圣像便露天而立，被雨淋得很湿。他当时就打开自己的口袋，里面有十两银子，便把银子拿给寺里的住持，让他修理寺院的房屋。住持告诉他说："修寺的工程大，银子少，不够用，没法完工。"因此，他又拿了四匹松江出产的布，再从竹箱里捡了七件衣服给住持。这七件衣服里，有用苎麻织的夹衣，是新做的。他的佣人便劝他不要再给了。

凭曰："但得圣像无恙，吾虽裸裎①何伤？"

僧垂泪曰："舍银及衣布，犹非难事。只此一点心，如何易得？"

后功完，拉老父同游，宿寺中。公梦伽蓝②来谢曰："汝子当享世禄矣。"后子汴，孙柽芳，皆登第，作显官。

【注释】

①裸裎：露体。脱衣露体，这是一种无礼的行为。

②伽蓝：此寺庙护法神。

【译文】

包凭听后说道："只要观世音菩萨的圣像能够安好，不被雨淋，我就是赤身露体又有什么关系呢？"和尚听了流着眼泪说："施主施送银两和衣服布匹，这还不是件难事；只是施主的这一点诚心，却是很难得啊！"

后来寺庙房屋修好了，一天包凭拉着他父亲同游这座佛寺，当晚住在寺中。那天晚上，包凭做了一个梦，梦见寺里的护法神来谢他说："你做了这些功德，你的儿子可以世世代代享受官禄了。"后来他的儿子包汴，孙子包柽芳，都中了进士，做了高官。

嘉善①支立②之父，为刑房③吏，有囚无辜陷重辟④，意哀之，欲求其生。囚语其妻曰："支公嘉意，愧无以报，明日延之下乡，汝以身事之，彼或肯用意⑤，则我可生也。"其妻泣而听命。及至，妻自出劝酒，具告以夫意。支不听，卒为尽力平反之。囚出狱，夫妻登门叩谢曰："公如此厚德，晚世⑥所稀，今无子，吾有弱女，送为箕帚妾⑦，此则礼之可通者。"支为备礼而纳之，生立，弱冠中魁⑧，官至翰林孔目⑨。立生高，高生禄，皆贡⑩，为学博⑪。禄生大纶，登第。

【注释】

①嘉善：县名，位于中国长江三角洲东南侧，江、浙、沪两省一市交汇处长三角城市群核心区域，是浙江省接轨上海第一站，是全国综合实力百强县之一。

②支立：明嘉兴人，字可与，号"十竹轩主人"。事母孝，与罗

一峰交密,深通经学,当时人称为"支立经"。

③刑房:过去指对人用刑的地方。

④重辟:极刑,死刑。

⑤用意:指用心研究或处理问题。

⑥晚世:近世。

⑦箕帚妾:持箕帚的奴婢,借作妻妾之谦称。

⑧中魁:考中了第一名。魁,为首的,居第一位的。

⑨翰林孔目:即翰林院的孔目。官职名,掌管图籍。

⑩贡:贡生。

⑪学博:州县公立学校的教师。

【译文】

　　浙江省嘉善县有一个叫做支立的人,他的父亲在县衙中的刑房当书办。一次,有个囚犯被人冤枉陷害,判了死罪。支立的父亲很可怜他,便想替他求情,宽免他不死。那个囚犯知道他的好意后,便对自己妻子说:"支公的好意,我觉得很惭愧,没法子报答。明天你把他请到乡下来,你就嫁给他吧。这样,他或许会感念这份情,那么我就可能有活命的机会了。"他的妻子听了之后,没别的办法,所以就边哭边答应了。

　　到了第二天,支立的父亲到了乡下,囚犯的妻子就亲自出来劝他喝酒,并且把她丈夫的意思,完完全全告诉了支立的父亲。但是支立的父亲不愿意这样做,不过究竟还是尽全力为这个囚犯平了反。囚犯出狱后,与妻子一起到支立的父亲家叩头拜谢。他说:"您这样厚德的人,在近代实在是少有。现在您没有儿子,我有一个女儿,愿意给您做扫地的小妾。这在情理上是可以说得通的。"

　　支立的父亲听了他的话,就预备了礼物,把这个囚犯的女儿迎娶为妾,后来生下了支立。支立刚二十岁时就考了举人头名,官做到翰林院的书记。后来支立的儿子支高,支高的儿子支禄,都被保荐做了州县公立学校的教师。而支禄的儿子支大纶,则考中了进士。

凡此十条,所行不同,同归于善而已。若复精而言之,则善有真,有假;有端①,有曲;有阴,有阳;有是,有非;有偏,有正;有半,有满;有大,有小;有难,有易。皆当深辨。为善而不穷理②,则自谓行持③,岂知造孽,枉费苦心,无益也。

【注释】
①端:端正,直。
②穷理:穷究事物之理。
③行持:佛教语,谓精勤修行。此指做善事。

【译文】
以上这十则故事,虽然每人所做的各不相同,但做的都可归纳为一个善字。如果是要再精细的加以说明,那么做善事有真的,有假的;有直的,有曲的;有阴的,有阳的;有是的,有不是的;有偏的,有正的;有一半的,有圆满的;有大的,有小的;有难的,有易的。这种种善事,应该要仔细加以辨别。如果是做善事,却不知道考究做善事的道理,就夸自己做了善事,有了怎样的功德,哪里知道这不是在做善事,而是在造孽。这样做真是冤枉,白费了苦心却得不到一点益处啊!

何谓真假?昔有儒生数辈①,谒中峰和尚②,问曰:"佛氏论善恶报应,如影随形。今某人善,而子孙不兴;某人恶,而家门隆盛。佛说无稽③矣。"

中峰云:"凡情未涤,正眼④未开,认善为恶,指恶为善,往往有之。不憾己之是非颠倒,而反怨天之报应有差乎?"

众曰:"善恶何致相反?"

中峰令试言其状。

一人谓:"詈人殴人⁵是恶,敬人礼人是善。"

中峰云:"未必然也。"

一人谓:"贪财妄取是恶,廉洁有守是善。"

中峰云:"未必然也。"

众人历言其状,中峰皆谓不然。因请问。

【注释】

① 数辈:数人。

② 中峰和尚:法号明本,字幻住,号中峰,浙江钱塘人,姓孙。1263 年生,幼年睿敏,十五岁出家,参高峰禅师于雁荡山师子院。一日读金经有省,高峰授以"话头",苦参十年,方始超脱。锋锐机敏,时称巨擘。二十四岁始剃头受具。高峰寂时,隐于湖海,晚年居天目山,仁宗召不出,赐衣号。元至治三年(1323 年)八月卒,寿六十一岁。元统中,赐号"普应国师",着有《中峰广录》行世。

③ 无稽:无可查考,没有根据,不可信。

④ 正眼:佛教语,即正法眼藏。佛的心眼通达真理智慧,名"正法眼",故能洞彻实相万德含藏之无尽"藏"。正法眼藏,《法华经》谓之"佛知见",也就是由释尊付嘱迦叶,辗转相传,佛所彻悟的不可思议、无有分别的涅盘妙明真心。

⑤ 詈人殴人:即骂人、打人。

【译文】

什么是真善假善呢?从前元朝时有几个读书人,去拜见天目山的高僧中峰和尚,问他说:"佛家讲善恶的报应,像影子跟着身体一样,人到哪里影子也到哪里,永远不分离。也就是说行善定有好报,造恶定有恶报。但是,现在有个人行了善,他的子孙却不兴旺；有个人作了恶，他的家却反而很隆盛。这样是不是说，佛讲的报应是没有根据的呢？"

中峰和尚回答说："平常人被世俗的见解所蒙蔽，这颗妙明真心，没有洗除干净，法眼未开，所以把真的善行反认为是恶行，真的恶行反算它是善行，这是常有的事情。他们对自己颠倒是非的恶行不觉得悔恨，怎么反而抱怨上天的报应错了呢？"

众人又说："善就是善，恶就是恶，怎么会弄反呢？"中峰和尚听了，便让他们把自己认为的善行、恶行都说出来。

其中有一个人说："骂人、打人是恶行；恭敬人，礼貌待人是善行。"中峰和尚回答说："你说的未必就对！"

另外一个读书人说："贪财，乱要钱是恶行；不贪财，清清白白守正道，是善行。"中峰和尚说："你说的也不一定是对的。"

那些读书人把各人平时看到的自认为的种种善恶行为都讲了出来，但是中峰和尚都说他们讲的不一定全对！于是他们几人便请教中峰和尚，究竟什么才是善，什么才是恶。

中峰告之曰："有益于人，是善；有益于己，是恶。有益于人，则殴人詈人皆善也；有益于己，则敬人礼人皆恶也。是故人之行善，利人者公，公则为真；利己者私，私则为假。又根心①者真，袭迹②者假；又无为而为③者真，有为而为者假。皆当自考④。"

【注释】

① 根心：指出自本心。

② 袭迹：谓沿袭他人的行径，不知变化地学样。

③ 无为而为：出自老子的无为思想，是一种对道的追寻方式，讲求道法自然。无为乃针对有为而言。

④自考：指自我考察，省察。

【译文】

中峰和尚告诉他们说："所做对别人有益的事情，是善行；所做对自己有益的事情，是恶行。如果所做事情，可以让别人得到益处，哪怕是骂人、打人，也都是善的；而如果所做事情是有益于自己的，那么就算是恭敬人、用礼貌待人，也是恶的。所以一个人做的善事，使他人得到利益的便是公，凡事为公那便是真了；只想着自己要得到利益，这便是私，凡事为私那便是假了。另外凡是从本心出发所做的事情，是真善；如果只是为了表面上要个善名，做得也像行善的模样，这便是伪善。再者，不求报答、不露行善痕迹的为善，这样的善行是真善；但如果是为了某种目的，怀有回报之心的行善，便是假善。像这样种种不同的善行标准，我们自己要细细地去查考。"

何谓端曲？今人见谨愿①之士，类称为善而取之，圣人则宁取狂狷②。至于谨愿之士，虽一乡皆好，而必以为德之贼。是世人之善恶，分明与圣人相反。推此一端，种种取舍，无有不谬。天地鬼神之福善祸淫，皆与圣人同是非，而不与世俗同取舍。凡欲积善，决不可徇③耳目，惟从心源隐微处，默默洗涤④。纯是济世之心，则为端；苟有一毫媚世⑤之心，即为曲；纯是爱人之心，则为端；有一毫愤世之心，即为曲；纯是敬人之心，则为端；有一毫玩世之心，即为曲。皆当细辨。

【注释】

①谨愿：谨慎，诚实之意。
②狂狷：指志向高远的人与拘谨自守的人。
③徇：顺从，曲从。

④洗涤：清洗。

⑤媚世：取悦于世人。

【译文】

怎样叫做端曲呢？现在的人看见谨慎而不倔强的人，都称他是善人，而且都很看重他；然而古时的圣贤，却宁愿欣赏那些志向高远的人，或者是安分守己不乱来的人。至于那些看起来谨慎小心而不倔强的好人，虽然乡里的人都喜欢他，但是因为这种人个性软弱，随波逐流，没有志气，所以圣人一定会说这种人是伤害道德的贼子。这样看来，世俗人所说的善恶观念，分明便是与圣人相反的。从这一个观念推衍到其它种种事情，俗人的取舍就没有不出问题的了。天地鬼神庇佑善人，报应恶人，他们的看法与圣人是一样的，而不与世俗之人采取相同的看法。所以，凡是想要积功累德，绝对不可以顺从耳朵所喜欢听到的，眼睛所喜欢看到的；必须要从起心动念的隐微之处，将自己的心默默地洗涤清净，不可让邪恶的念头，污染了自己的心。

所以，凡是救济世人的心，便是直；如果存有一丝讨好世俗的心，就是曲。全是爱人的心，便是直；如果有一丝对世人怨恨不平的心，就是曲。全是恭敬别人的心，就是直；如果有一丝玩弄世人的心，便是曲。这些都应该细细地去分辨。

何谓阴阳？凡为善而人知之，则为阳善；为善而人不知，则为阴德。阴德，天报之；阳善，享世名①。名，亦福也。名者，造物②所忌。世之享盛名而实不副者，多有奇祸③；人之无过咎④而横被⑤恶名者，子孙往往骤发。阴阳之际⑥微矣哉。

【注释】

①世名：世上的名声。

②造物：造化，是命运的意思。此指创造万物的天地。

③奇祸：使人不测的、出人意料的灾祸；横祸。

④过咎：过错，过失。

⑤横被：广泛覆盖，遍及之意。

⑥际：交界或靠边的地方；彼此之间的关联。

【译文】

什么叫做阴阳呢？凡是一个人做善事被人知道，叫做阳善；做善事而别人不知道，叫做阴德。有阴德的人，上天自然会知道并且会回报他。有阳善的人，大家都知道他，称赞他，他便能享受世上的美名。享受好名声，这也是福。但是名声这个东西，为天地所忌，天地往往不喜欢爱名之人。世上那些享受极大名声的人，如果他的实际功德配不上他所享受的名声，便常会遭遇到料想不到的横祸；一个没有过失差错而被冤枉，无缘无故被人栽上恶名的人，他的子孙往往会忽然间发达起来。可见，阴德和阳善之间关联真是太细微了，不可不加以分辨啊！

何谓是非？鲁国之法，鲁人有赎人臣妾①于诸侯，皆受金于府②，子贡③赎人而不受金。孔子闻而恶之曰："赐失之矣。夫圣人举事，可以移风易俗④，而教道⑤可施于百姓，非独适己之行也。今鲁国富者寡而贫者众，受金则为不廉，何以相赎乎？自今以后，不复赎人于诸侯矣。"

【注释】

①臣妾：此处所指臣、妾，都是穷苦人家，卖身给贵族，男的称"臣"，女的称"妾"。另外两国交战，俘获对方的俘虏，收为奴隶，男女也称"臣妾"。

②受金于府：接受官府的赏金。

③子贡：即端木赐（前520年—前446年），复姓端木，字子贡。春秋末年卫国人。孔子的得意门生，孔门十哲之一，孔子曾称其为"瑚琏之器"。十哲中他以言语闻名，利口巧辞，善于雄辩，且有干济才，办事通达，曾任鲁国、卫国之相。他还善于经商之道，为孔子弟子中首富。

④移风易俗：指改变旧的风俗习惯。

⑤道：同"导"。

【译文】

什么叫做是非呢？从前春秋时鲁国定有一种法律，凡是鲁国人被别的国家抓去做了奴隶，若有人肯出钱把这些人赎回来，就可以向官府领取赏金。孔子的学生子贡，替人把被抓去的人赎了回来，但是他却不肯接受鲁国的赏金。他不肯接受赏金，纯粹是帮助他人，本意是好的。但是孔子听到之后，很不高兴地说："这件事子贡做错了啊。凡是圣贤，无论做什么事情，做了之后能够把旧的不好的风俗变好，可以教育、引导百姓哪些事可以做，而不是单单为了自己觉得舒适就去做。现在鲁国富有的人少，穷苦的人多；如果是受了赏金就算是贪财，那么不肯受贪财之名的人和贫穷的人，又怎么肯再去赎人呢？这样恐怕从此以后，再也不会有人去向诸侯赎人了。"

子路①拯人于溺，其人谢之以牛，子路受之。孔子喜曰："自今鲁国多拯人于溺矣。"自俗眼观之，子贡不受金为优，子路之受牛为劣；孔子则取由而黜②赐焉。乃知人之为善，不论现行而论流弊③；不论一时而论久远；不论一身而论天下。现行虽善，而其流足以害人，则似善而实非也；现行虽不善，而其流足以济人，则非善而实是也。然此就一节论之耳。他如非义之义，非礼之礼，非信之信，非慈之慈，皆当决择。

【注释】

①子路：即仲由（前542年—前480年），字子路，又字季路，卫国人。孔子得意门生。

②黜：罢免；革除；贬低。

③流弊：指某事引起的坏作用，也指相沿下来的弊端。

【译文】

子路救了一个掉入水里的人，那人送了头牛来答谢子路，子路接受了。孔子知道后很欣慰地说："从今以后，鲁国会有很多人自动救溺水的人了。"

在世俗人的眼中，子贡赎人，不接受官府赏金是好的；子路救溺水之人，接受牛是不好的，然而孔子却称赞子路而责备子贡。如此可知，一个人做善事不能只看眼前的效果，而要看是不是会产生流传后世的弊端；不能只论一时的影响，而要讲究长远的影响；不能只论个人的得失，而要讲究它对天下大众的影响。现在的所作所为，看起来虽然是善的，但是如果流传下去，其影响却对人有害，那这就是似善而非善了；现在的所作所为，看起来虽然是不善的，但如果流传下去，却对后世的帮助很大，这就是虽似不善而实为善！这只不过是拿一件事情来举例讲讲罢了，其它的其实还有很多。例如：不应做的事情你做了，看起来好像也很合理，但是做不如没做的好，这叫"非义之义"；超过尺度的礼数，看起来非常谦卑，但太过分了就成了讨好对方，这样礼也就形同没有礼，这叫"非礼之礼"；不必拘泥的信约，固执的人看起来必须遵守，但有时为了"小信"而误了大事，变成了"顾此失彼"，这就导致守信还不如不守的好，这就叫"非信之信"；不该滥用的慈悲，用得不当便会变成姑息、纵容，看起来是很慈爱，但是这种慈爱却变成了纵容小人，以致惹出大问题，这还不如不慈悲的好，这就叫"非慈之慈"。这些问题，都应该细细地加以判断，分别清楚。

何谓偏正？昔吕文懿公①，初辞相位，归故里，海内仰之，如泰山北斗②。有一乡人，醉而詈之，吕公不动，谓其仆曰："醉者勿与较也。"闭门谢之。逾年，其人犯死刑入狱。吕公始悔之曰："使当时稍与计较，送公家③责治，可以小惩而大戒；吾当时只欲存心于厚，不谓养成其恶，以至于此。"此以善心而行恶事者也。

【注释】

①吕文懿公：本名吕原，字逢源，生于永乐十六年（1416年），卒于英宗天顺六年（1462年）。浙江秀水县人，明英宗正统间进士，位至宰相，四十五岁卒，谥"文懿公"。

②泰山北斗：泰山，即东岳，在山东省泰安市；北斗，北斗星。比喻道德高、名望重或有卓越成就为众人所敬仰的人。

③公家：指官府。

【译文】

什么叫做偏正呢？从前明朝的宰相吕文懿公，刚辞掉宰相的官位回到了家乡。因为他做官清廉、公正，全国的人都敬佩他，就像是群山拱卫着泰山，众星环绕着北斗星一样。独独有一个乡下人，喝醉酒后便骂吕公。吕公并没有因为被他骂而生气，而是对自己的佣人说："这个人喝醉酒了，不要和他计较。"于是吕公便关了门，不理睬他。

过了一年，这个人因犯了死罪而进了监狱。吕公听闻后懊悔地说："假使当时同他计较，将他送到官府治罪，可以藉此小惩罚而收到大儆戒的效果，他就不至于犯下死罪了。我当时只想着心地厚道些，就没有与他计较，哪知反而养成了他天不怕地不怕的亡命之徒的恶性，而导致如此结果啊。"这就是存善心，反倒做了恶事的一个例子。

又有以恶心而行善事者。如某家大富，值岁荒①，穷民白昼抢粟于市；告之县，县不理，穷民愈肆②，遂私执③而困辱之，众始定；不然，几乱矣。故善者为正，恶者为偏，人皆知之；其以善心行恶事者，正中偏也；以恶心而行善事者，偏中正也，不可不知也。

【注释】
①岁荒：指荒年，收成不好。
②肆：放纵，放肆。
③执：抓，捉拿。

【译文】
也有存了恶心，却反而做了善事的例子。像有个大富人家，碰到荒年，一些穷人大白天在市场上抢米。这个大富人家便告到县官那里，可县官偏偏又不受理，穷人的胆子因此变得更大，也更加放肆横行了。于是这个大富人家就私底下把抢米的人捉住关押起来，并侮辱他们。这样，那些抢米的人害怕也被这大富人家抓起来侮辱，所以才安定下来，不再抢了。如果不是因为这样，市面上几乎大乱了。所以善行是正，恶行是偏，这是大家都知道的。但是也有存善心而做了恶事的，这是存心正而结果变成了偏，可称之为正中的偏；也有存恶心却做了善事的，这是存心偏而结果却成了正，可称之为偏中的正，这种道理大家不可不知。

何谓半满？易曰："善不积，不足以成名；恶不积，不足以灭身①。"书②曰："商罪贯盈③。"如贮物于器，勤而积之，则满；懈而不积，则不满。此一说也。

【注释】

①灭身：指杀身之祸，死亡。

②书：指《尚书》。

③贯盈：贯，是钱串；盈，是满。以绳穿钱，穿满了一贯。多形容罪恶极大。

【译文】

怎样叫做半满的善呢？《易经》上说："一个人不积善，不会成就好的名誉；不积恶，则不会有杀身的大祸。"《尚书》中记载："商朝的罪孽，像穿的一串钱那么满。"这就是说好比在一个容器里收藏东西一样，如果你很勤奋，天天去储积，那么终有一天就会积满；如果你很懒惰，不积极去收藏积存，那么就很难装满。所说的积善积恶，也像储存东西一样，这只是半善满善的一种说法。

昔有某氏女入寺，欲施而无财，止有钱二文，捐而与之，主席①者亲为忏悔；及后入宫富贵，携数千金入寺舍之，主僧②惟令其徒回向而已。

因问曰："吾前施钱二文，师亲为忏悔；今施数千金，而师不回向，何也？"

曰："前者物虽薄，而施心甚真，非老僧亲忏，不足报德；今物虽厚，而施心不若前日之切③，令人代忏足矣。"此千金为半，而二文为满也。

【注释】

①主席：此指寺观的住持。

②主僧：佛寺的住持。

③切：切实，真诚。

【译文】

从前,有一户人家的女子到佛寺里去,想要送些钱财给寺里,可惜身上没有多的钱,只有两文钱,就拿来布施给了和尚。没想到寺里的住持和尚,竟然亲自替她在佛前回向,求忏悔灭罪。后来这位女子进了皇宫做了贵妃,富贵之后,便带了几千两的银子来寺里布施。但此时这位住持和尚,却只是叫他的徒弟替那个女子回向罢了。那个女子不明白为什么会这样,前后两次布施待遇差别竟然如此之大。就问住持和尚:"我从前不过布施两文钱,师父就亲自替我忏悔。现在我布施了几千两银子,而师父却不替我回向,不知这是为什么?"

住持和尚回答她说:"从前你布施的银子虽然少,但是你布施的心却很真切虔诚,所以非我老和尚亲自替你忏悔,便不足以报答你布施的功德;现在你布施的钱虽然多,但是你布施的心却不像从前那样真切,所以叫人代你忏悔,也就够了。"这就是几千两银子的布施,只算是半善;而两文钱的布施,却算是满善,道理就在此。

钟离①授丹于吕祖②,点铁为金③,可以济世。
吕问曰:"终变否?"
曰:"五百年后,当复本质。"
吕曰:"如此则害五百年后人矣,吾不愿为也。"
曰:"修仙要积三千功行④,汝此一言,三千功行已满矣。"
此又一说也。

【注释】

①钟离:即汉钟离,东汉人。传说八仙中资格较老的一位神仙,在道教信仰中影响很大。根据道教经典的说法,他是一位很

有传奇色彩的人物。

②吕祖：即吕洞宾。天下道教主流全真道祖师，原名吕岩，字洞宾，道号纯阳子，于唐德宗贞元十二载丙子年（796年）农历四月十四生于永乐县招贤里（今山西省芮城县永乐镇），是著名的道教仙人，八仙之一，道教全真派北五祖之一，相传于北宋时期聚仙会时应铁拐李之邀在石笋山列入八仙。

③点铁为金：原指用手指一点使铁变成金的法术。比喻修改文章时稍稍改动原来的文字，就使它变得很出色。

④功行：功绩和德行。

【译文】

又汉朝人钟离曾把他炼丹的方法传给了吕洞宾，并说用这丹点在铁上就能把铁变成黄金，可拿来救济世上的穷人。吕洞宾便问钟离："这变的黄金，最后会不会再变回铁呢？"

钟离回答说："五百年以后，这黄金仍旧会变回原来的铁。"

吕洞宾听了便说道："如果这样，就会害了五百年以后的人。我不愿意做这样的事情。"

钟离听了吕洞宾的回答，高兴地对他说："修仙要积满三千件功德才行。你刚才这句话，便让你的三千件功德已经做圆满了。"这是半善满善的又一种讲法。

又为善而心不着①善，则随所成就，皆得圆满。心着于善，虽终身勤励②，止于半善而已。譬如以财济人，内不见己，外不见人，中不见所施之物，是谓三轮体空③，是谓一心清净。则斗粟可以种无涯④之福，一文可以消千劫⑤之罪。倘此心未忘，虽黄金万镒⑥，福不满也。此又一说也。

【注释】

①着：执着。

②勤励：也作"勤厉"。勤劳奋勉。

③三轮体空：佛教语。又称三事皆空、三轮清净。指布施时住于空观，不执着能施、所施及施物三轮。

④无涯：没有边际。

⑤劫：道教和佛教中的用语，意思是无限长。有大劫、中劫、小劫之分。从人的寿命十岁算起，每遇百年加一岁，直加到人命八万四千岁。到八万四千岁，每过百年，再减一岁，一直减到十岁，像这样一个伸缩时间单位，叫一小劫，总数是 16800000 年。二十小劫为一中劫，八十中劫为一大劫。

⑥镒：古代的重量单位，二十两为一镒（一说二十四两为一镒）。

【译文】

一个人做了善事，如果内心能不执着于所做善事，那么随便他所做的任何善事，都能够成功而且圆满。若是做了件善事，而内心就牢记在这件善事上，那么即使他一生都很勤勉的做善事，也只不过是半善而已。

譬如拿钱去救济人，要内不见布施的我，外不见受布施的人，中不见布施的钱，这才叫做三轮体空，也叫做一心清净。如果能够这样的布施，纵使布施不过一斗米，也可以种下无边无涯的福；即使布施一文钱，也可以消除一千劫所造的罪。如果心中不能够忘掉所做的善事，即使用了万镒黄金去救济别人，能够得到的福也是不圆满的。这又是一种说法。

何谓大小？昔卫仲达为馆职①，被摄②至冥司③，主者命吏呈善恶二录。比至，则恶录盈庭，其善录一轴，仅如箸而已。

索称称之，则盈庭者反轻，而如箸者反重。

仲达曰："某年未四十，安得过恶如是多乎？"

曰："一念不正即是，不待犯也。"

因问轴中所书何事？

曰："朝廷尝兴大工，修三山④石桥，君上疏谏之，此疏稿也。"

仲达曰："某虽言，朝廷不从，于事无补，而能有如是之力。"

曰："朝廷虽不从，君之一念，已在万民；向使听从，善力更大矣。"

故志在天下国家，则善虽少而大；苟⑤在一身，虽多亦小。

【注释】

①馆职：翰林院的官员。

②摄：捕捉。

③冥司：地府、阴间。

④三山：现福州城中有三座山，东面的叫九仙山，西面的叫闽山，北边的叫越王山，统称三山。所以有人称福州为"三山"。

⑤苟：如果。

【译文】

怎么叫做大善小善呢？从前有一个叫做卫仲达的人，在翰林院里做官。有一次，他被鬼卒把他的魂抓到了阴间。阴间的主审判官吩咐手下的小吏，把他在阳间所做的善事、恶事两种册子送上来。等册子送到一看，他做恶事的册子，多得竟摊满了一院子；而做善事的册子，只不过像一支筷子那样小罢了。主审判官又吩咐拿称来称称看，那摊满院子的记录恶事的册子反而比较轻，而像一支筷子那样小卷的记录善事的册子反而比较重。卫仲达就问说："我年纪还不到四十岁，哪会犯了这么多的过失罪恶呢？"

主审判官说:"只要一个念头不正,就是罪恶,不必等到你去犯。譬如,看见女色,你动了坏念头,那就是犯过。"

因此,卫仲达就问这善册子里记的是什么。主审判官说:"皇帝有一次曾想要兴建大工程,修三山地方的石桥。你上奏劝皇帝不要修,免得劳民伤财,这就是你的奏章底稿。"

卫仲达说:"我虽然讲过,但是皇帝不听,还是动工了,对那件事情的进行,并没有发生作用。这份疏表怎么还能有这样大的力量呢?"

主审判官说:"皇帝虽然没有听你的建议,但是你这个念头,目的是要使千万百姓免去劳役。倘使皇帝听你的,那善的力量就更大了。"

所以,立志做善事,如果目的在利益天下国家百姓,那么善事纵然小,功德也会很大;假使是只为了利益自己一个人,那么善事即使很多,功德也会很小。

何谓难易?先儒①谓克②己须从难克处克将去。夫子论为仁③,亦曰先难。必如江西舒翁,舍二年仅得之束脩④,代偿官银⑤,而全人夫妇;与邯郸张翁,舍十年所积之钱,代完赎银⑥,而活人妻子,皆所谓难舍处能舍也。如镇江靳翁,虽年老无子,不忍以幼女为妾,而还之邻,此难忍处能忍也,故天降之福亦厚。凡有财有势者,其立德皆易,易而不为,是为自暴。贫贱作福皆难,难而能为,斯可贵耳。

【注释】

①先儒:先世儒者,已去世的儒者。泛指古代儒者。

②克:战胜,改正。

③夫子论为仁:见《论语·雍也》篇。樊迟问仁,曰:"仁者先

难而后获！"

④束修：古代学生与教师初见面时，为表示敬意向老师奉赠的礼物，相当于现在的学费。

⑤官银：古代词汇，即官府的银钱。民间或官员不能使用，是用来入库的。也就是每个省的税收，财政收入。

⑥赎银：用以赎罪的银钱。

【译文】

什么叫做难行易行的善呢？从前有学问的读书人都说，得克制自己的私欲，要从难除去的地方先除起。孔子的弟子樊迟，问孔子什么叫做仁。孔子回答时也说，为仁要先从难的地方下工夫。孔子所说的难，也就是除掉私心，并应该先从最难做、最难克除的地方做起。一定要像江西的一位舒老先生，他在别人家教书，把两年所仅得的薪水，帮助一穷人家还了他们所欠官府的钱，因而免除了他们夫妇被拆散的悲剧。又像河北邯郸的张老先生，看到一个穷人把妻儿抵押了，钱也用了；若是没有钱去赎回，恐怕妻儿都要活不成了。于是他就舍弃了自己十年的积蓄，替这个穷人赎回了妻儿。像舒老先生、张老先生，都是在最难舍的地方而舍，这是别人难以做到的。

又像江苏省镇江的一位靳老先生，老年了仍没有儿子，他的穷邻居愿意把自己一个年轻的女儿给他做妾，希望能为他生一个儿子。但是这位靳老先生不忍心误了她的青春，还是拒绝了，把这女子送还给了邻居。这又是很难忍处而能够忍得住的事呀！所以上天赐给他们这几位老先生的福，也特别的丰厚。

凡是有财有势的人要建立功德，比平常人来得容易，但是容易做，却不肯做，这就叫做自暴自弃了。那些没钱没势的穷人，要积些福，会有很大的困难，难做到而能做到，这才真是可贵啊！

随缘^①济众，其类至繁^②，约^③言其纲，大约有十：第一，与人为善；第二，爱敬存心；第三，成人之美；第四，劝人为善；第五，救人危急；第六，兴建大利；第七，舍财作福；第八，护持^④正法^⑤；第九，敬重尊长；第十，爱惜物命。

【注释】

①随缘：宗教术语。指顺应机缘，顺其自然。缘，指身心对外界的感触。

②至繁：特别繁杂。

③约：简单，简要。

④护持：保护维持。

⑤正法：各种宗教的教法，别于邪道的法而言。也指正确、真实的道理。

【译文】

我们为人处事，应该随缘去做救济众人的事，不过要去救济众人也不是容易之事。其种类特别繁多，简单地说，其重要项目大约有十种：

第一，是与人为善。看到别人有一点善心，我就帮他，使他善心增长；别人做善事，力量不够，做不成功，我就帮他，使他做成功。

第二，是爱敬存心。就是对比我学问好、年纪大、辈分高的人，都应该心存敬重；对比我年纪小、辈分低、景况穷的人，就要心存爱护。

第三，是成人之美。如一个人想做件好事，尚未决定，那么我们就应该劝他尽心尽力去做；别人做善事时遇到了阻碍，不能成功，我们就应想方设法去指引他，劝导他使得他成功，而不是生嫉妒心去破坏他。

第四，是劝人为善。碰到作恶的人，要劝他作恶绝对有苦报，恶事万万做不得；碰到不肯为善，或只肯做些小善的人，就要劝他行善绝对有好报，善事不但要做，而且还要做得多，做得大。

第五，是救人危急。一般人大多喜欢锦上添花，而缺乏雪中送炭的精神；而当遇到他人最危险、最困难的关头，能及时拉他一把，帮他解决危急困境，可以说是功德无量，但是不可以引以为傲！

第六，是兴建大利。有大利益的事情，自然要有大力量的人，才能做到。一个人既然有大力量，自然应该做些大利益的事情，以利益大众。例如，修筑水利系统、救济大灾害等等。但是没有大力量的人，也可以做到的。譬如，发现河堤上有个小洞，水从洞里冒出，只要用些泥土、小石，将小洞塞住，这堤防就可以保住，而防止了水灾的发生。事情虽然小，但这种功效也是不可忽视的。

第七，是舍财作福。俗语说"人为财死"，世人的心总爱钱财，求财都来不及，还愿意去舍财济助他人吗？因此，能舍财去消除别人的灾难，解决他人的危急，对一个常人而言，已不简单；对穷人来说，就更了不起了。如按因果来讲，舍得，只有舍了才有得；舍不得，不舍就不会得。做一分善事就会有一分福报，所以不必忧愁我们会因为舍财救人，而使自己的生活陷于绝路。

第八，是护持正法。这种法，就是指各种宗教的法。宗教有正，有邪，法也有正，有邪，邪教的邪法最害人心，自然应该禁止。而具有正知正见的法，容易劝导人心，挽回善良风俗的。若是有人破坏，一定要用全力保护维持，不可让他破坏。

第九，是敬重尊长。凡是学问深、见识好、职位高、辈分大、年纪老的人，都称为尊长，自己都应该敬重，不可看轻他们。

第十，是爱惜物命。凡是有性命的东西，都是有知觉的，都会知道痛苦，也会贪生怕死。我们应该要哀怜它们，不可以乱杀乱吃。有人说，这些东西本来就是要给人吃的。这话是不对的，往往都是贪吃的人所造出来的话。

何谓与人为善①？昔舜②在雷泽③，见渔者皆取深潭厚泽，而老弱则渔于急流浅滩之中，恻然④哀之，往而渔⑤焉；见争者皆匿其过而不谈，见有让者，则揄扬⑥而取法⑦之。期年⑧，皆以深潭厚泽相让矣。夫以舜之明哲⑨，岂不能出一言教众人哉？乃不以言教而以身转之，此良工苦心⑩也。

【注释】

①与人为善：指赞成人学好。现指善意帮助人。与，赞许，赞助；为，做；善，好事。

②舜：中国上古三皇五帝中的五帝之一，约公元前2255年—2208年在位。姓姚名重华，字都君。在尧之后，受禅于尧，国号"有虞"。帝舜、大舜、虞帝舜、舜帝皆虞舜之帝号，故后世以舜简称之。后禅位于禹。

③雷泽：古代大泽名，又称雷夏泽、龙泽，故址在今菏泽城东北60里。

④恻然：哀怜、悲伤的样子。

⑤渔：动词，捕鱼，捕捞。

⑥揄扬：称誉；赞扬。

⑦取法：指取以为法则；效法。

⑧期年：一年。

⑨明哲：聪明睿智。

⑩良工苦心：形容优秀工匠在创作的过程中费尽心思。泛指用心良苦。

【译文】

什么叫做与人为善呢？过去舜在他还没有做君主之前，在雷泽湖边看人捕鱼。他发现年轻力壮的渔夫，都选择到湖水深处去抓鱼（鱼多）；而那些年老体弱的渔夫，都在水流得急而且水较浅的地方抓鱼（鱼少）。舜见到这种情形，心里哀怜这些年老体弱的渔夫。后来他就想了一个方法，自己也去捕鱼。捕鱼时，他见到那些喜欢抢夺的人，也不说他们的过失，而且也不对外讲；见到那些比较谦让的渔夫，便到处称赞他们，拿他们做榜样，并且学习他们谦让的精神。就这样，舜捕了一年的鱼，这些捕鱼的人就都把水深鱼多的地方让出来了。

那么，像舜那样聪明睿智的圣人，为什么不说几句中肯的话来教化众人，而是一定要自己亲自参与呢？要知道舜不用言语来教化众人，而是以自己为榜样，让那些人感觉惭愧而改变自己的自私心理。他真的是用心良苦啊！

吾辈处末世①，勿以己之长而盖②人；勿以己之善而形③人；勿以己之多能而困人。收敛才智，若无若虚；见人过失，且涵容④而掩覆⑤之。一则令其可改，一则令其有所顾忌而不敢纵，见人有微长可取，小善可录，翻然⑥舍己而从之，且为艳称⑦而广述之。凡日用间，发一言，行一事，全不为自己起念，全是为物⑧立则⑨，此大人⑩天下为公之度也。

【注释】

①末世：指一个衰亡的时代。
②盖：遮蔽、掩盖之意。
③形：比的意思。以己之长，较人之短，以突显自己了不起。
④涵容：宽容；包涵。

⑤掩覆：掩藏，掩饰。
⑥翻然：形容改变得很快而彻底。
⑦艳称：赞扬，赞美。
⑧物：社会大众。
⑨立则：建立规则，树立榜样。
⑩大人：是指道德至高、止于圣贤地位的人。

【译文】
　　我们处在这个人心、风俗败坏的末世时代，做人很不容易。因此，别人有不如自己的地方，我们不可以拿自己的长处去盖过他；别人有不善的事情，我们不可以把自己的善去和别人比较；别人能力不及我，我们不可以拿自己的长处，来为难别人，压制别人；自己如真地有了不起的才华，也要收敛起来，不要招摇；要做到看起来好像非常平凡、空虚的样子；见了别人犯了过失，要放大心量，来为他隐蔽、保留，不要到处宣扬。像这样，一方面可以使他有改过自新的机会，另一方面可以使他有所顾忌而不敢放肆。如果是撕破脸皮，他就没有顾忌了。

　　见到别人有一点点的长处可供学习，或者一点微小的善行可以作为自己的榜样，我们应该果断放弃自己一切主观成见，而去效法别人，并且为他们赞叹，广为向大家传扬。一个人在平常生活中，不论是每讲一句话或是做一件事，都不能只为自己，生出自私自利的念头，而要全部为了整个社会着想，为经世成物建立规则，使大众可以通行遵守，这才是一位伟大的人物以天下为公应有的度量啊！

　　何谓爱敬存心①？君子与小人，就形迹②观，常易相混，惟一点存心处，则善恶悬绝③，判然④如黑白之相反。故曰："君子所以异于人者，以其存心也。"君子所存之心，只是爱人敬人之心。盖⑤人有亲疏贵贱，有智愚贤不肖；万品不齐，皆吾同胞，皆吾一体，孰非当敬爱者？爱敬众人，即是爱敬圣贤；能通众人之志，即是通圣贤之志。何者？圣贤之志，本欲斯⑥世斯人，各得其所。吾合⑦爱合敬，而安一世⑧之人，即是为圣贤而安之也。

【注释】

①存心：用心，存在的念头。

②形迹：人的言行和形色。

③悬绝：指相差悬殊，相差极远。

④判然：形容差别特别分明。

⑤盖：发语词。此处应作因为解。

⑥斯：指示代词，这。

⑦合：全部，所有的。

⑧一世：整个世界。

【译文】

什么叫做爱敬存心呢？君子与小人，从外貌来看，常常容易混淆，分不出真假。因为小人会装假仁假义，冒充君子。不过这一点存心，君子是善，小人是恶，彼此相去很远，他们的分别就像是黑白两种颜色，截然不同。所以孟子说："君子所以与常人不同的地方，就是他们的存心啊！"

君子所存的心，只有爱人敬人的心。因为人虽然有亲近的，疏远的，有尊贵的，有低微的，有聪明的，有愚笨的，有道德的，有下流的，千千万万不同的种类，但是这些都是我们的同胞，都和我们一样有生命，有血有肉，有感情，和我们是一体的，哪一个又是不该爱敬的呢？爱敬众人，就是爱敬圣贤人；能够明白众人的意思，就是明白圣贤人的意思。为什么呢？因为圣贤人本来的愿望，就是希望世界上的人都能安居乐业，过着幸福美满的生活。所以，我们能够处处爱人，处处敬人，并且存着使天下人都能安居乐业的意愿，那就是古代圣贤立愿，来使这个世界真正地进入天下升平的快乐境地了。

何谓成人之美①？玉之在石，抵掷②则瓦砾③，追琢④则圭璋⑤；故凡见人行一善事，或其人志可取而资可进，皆须诱掖⑥而成就之，或为之奖借⑦，或为之维持，或为白⑧其诬⑨而分其谤，务使之成立而后已。

【注释】

①成人之美：成全别人的好事。也指帮助别人实现其美好的愿望。成，成全，帮助；美，好事。

②抵掷：扔，投掷。

③瓦砾：指破碎的砖瓦。也有小石子、碎石头的意思。

④追琢：雕琢，雕刻。追，通"雕"。

⑤圭璋：古代礼玉的一种，为瑞信之器。圭，是古时君王的饰物，国家大典时佩带，上小下方，大小不一。璋，是将圭切成对半，通常祭祀时佩用。

⑥诱掖：引导和扶持。

⑦奖借：称赞推许。

⑧白：表明；辩白；得昭雪。

⑨诬：即诬陷、冤枉。

【译文】

什么是成人之美呢？比如，一块玉，掺在一堆石头里，如果把它当作石块乱抛，那么这块玉石也只不过是和瓦片碎石一样，一文不值；如果是把它好好的加以雕刻琢磨，那么它便成了圭璋美玉，非常珍贵。人也是如此。所以看到别人做一件善事，或者是一个人立志向上，而其资质又足以造就的话，都应该好好的引导他，提拔他，使他成为社会的有用之才；或是去赞美他，激励他，设法帮助他；在有人冤枉他时，便替他辩解冤屈，替他分担无端被人恶意的毁谤，设法代替或顶替他被毁谤的事实，减轻他所受的毁谤，务必要使他能够立身于社会为止。

大抵①人各恶其非类②，乡人之善者少，不善者多。善人在俗，亦难自立。且豪杰铮铮③，不甚修形迹④，多易指摘⑤，故善事常易败，而善人常得谤；惟仁人长者，匡直⑥而辅翼⑦之，其功德最宏。

【注释】

①大抵：大概。
②非类：与自己思想、意见、党派不同的人。
③铮铮：金属撞击的声音。引申为刚正不阿的样子。
④形迹：此指人外在的仪容。
⑤指摘：指责。
⑥匡直：犹匡正，纠正。
⑦辅翼：辅助，帮助。

【译文】

大概通常的人，对那些与自己不同类型的人，都不免有厌恶感。在同一个乡里，通常是善人少，而不善的人多。正因为不善的人很多，善的人少，所以善人处在世俗里，常常被恶人欺负，很难立得住脚。况且豪杰的性情大多数是刚正不阿的，又不注意修饰外表；而世俗之人往往只看外表，所以他们就常常成了被人指责批评的对象。所以，做善事常常容易失败，善人也常常被人毁谤。碰到这种情形，只有依靠仁人长者，才能不断匡正那邪恶不善之人，辅助和引导他们，使他们改邪归正，同时保护和帮助善人，使他们得了成长。像这样辟邪显正的功德，实在是最大的。

何谓劝人为善？生为人类，孰无良心？世路①役役②，最易没溺③。凡与人相处，当方便提撕④，开其迷惑。譬犹长夜大梦，而令之一觉；譬犹久陷烦恼，而拔⑤之清凉，为惠最溥⑥。韩愈云："一时劝人以口，百世劝人以书。"较之与人为善，虽有形迹，然对证⑦发药，时有奇效，不可废也；失言失人，当反吾智。

【注释】

①世路：犹世道，指社会状况。

②役役：劳苦不息的样子。

③没溺：沉没。

④提撕：拉扯；提携。

⑤拔：改变。

⑥溥：音 pǔ。广大之意。

⑦证：同"症"。症状。

【译文】

什么叫做劝人为善呢？我们知道，作为一个活在这世上且有血有肉的人，谁没有一点良心呢？只是大家为追逐名利，整天在社会上忙忙碌碌。而一旦陷入了名利追逐的迷阵，大家容易忘掉了天地良心这回事。在这种尔虞我诈的局面下，人很容易便沉沦陷落了。因此，在与人相处时，我们要随时随地提示他，警告他，不要掉入了社会的陷阱，为其所骗；要时时暗示和提醒他，不要对某事执迷不悟，就仿佛在长夜里，做一次浑浑噩噩的大梦，一定要叫醒他，让他赶快清醒；又譬如他长久地陷在苦恼里，一定要拉他一把，使他头脑转为清凉。像这样以恩惠待人，所得功德最为广大。

从前韩愈曾说过："用口来劝人，只在一时，而事情过了，也就忘了，并且别处的人也无法听到；以书来劝人，可以流传到百世，并且能传遍世界。"这种"劝人为善"与"与人为善"比起来，虽然较注重形式的痕迹，但是这种对症下药的事，时常会有特殊的效果。这种方法，也是不可放弃的。并且劝人也得要劝的得当，譬如这个人太倔强，不可以用话来劝，你若是用话去劝了，不但是白劝，所劝的话，也成了废话，这叫做"失言"。你应该劝一个人为善但没有去劝导他，那便白白失掉一个"劝人为善"的机会，这叫做"失人"。失言失人，都是自己智慧不够，我们应该自我反省检讨，活用自己的智慧！

何谓救人危急？患难颠沛[1]，人所时有。偶一遇之，当如痌瘝[2]之在身，速为解救，或以一言伸其屈抑[3]，或以多方济其颠连[4]。崔子[5]曰："惠不在大，赴人之急可也。"盖仁人之言哉。

【注释】

[1] 颠沛：指生活困顿，不稳定，或遇挫折。

[2] 痌瘝：音 tōng guān。同"痌瘝"，疾苦之意。痌，创伤、溃烂。瘝，疾病、疾苦。

[3] 屈抑：枉屈，压抑。

[4] 颠连：困顿不堪；困苦

[5] 崔子：崔铣（公元1478—公元1541年），明代乐安人，字子钟，又仲亮、后渠。孝宗弘治十八年进士，学宗朱程，官至礼部侍郎。卒于世宗嘉靖二〇年，享年六十四岁。着有《读易余言》等

书,明史有传。

【译文】

什么叫做救人危急呢?患难颠沛的事情,在人的一生当中,都是常有的。假如偶然碰到了这样的人,就应该将他的痛苦当作是发生在自己的身上一样,赶快设法去解救;或是用话语帮助他申辩明白他所受的冤屈和压迫,或是用各种方法去救济他的困苦。明朝的崔铣曾经说过:"恩惠不在乎大小,只要在别人危急的时候,能帮他一把就可以了。"这句话真正是仁者所说的话呀!

何谓兴建大利①?小而一乡之内,大而一邑之中,凡有利益,最宜兴建,或开渠导水;或筑堤防患;或修桥梁,以便行旅②;或施茶饭,以济饥渴。随缘劝导,协力兴修,勿避嫌疑,勿辞劳怨③。

【注释】

①大利:此指有利于社会、有利于人民大众的事。
②行旅:行人,过往的旅客。
③劳怨:劳累与抱怨。

【译文】

什么叫做兴建大利呢?小可以从一个乡来讲,大可以从一个县来说,凡是有益于公众的事,就应该发起兴建。或是开辟水渠,来灌溉农田;或是建筑堤岸,来预防水灾;或是修筑桥梁,使过往行旅交通方便;或是施送茶饭,救济饥饿口渴的人。这些事,我们应该随缘而行,只要一遇到机会,就应当劝导大家,同心协力,出钱出力来兴建。纵然有别人毁谤、中伤你,也不要为了避嫌疑就不去做;也不要怕辛苦,或担心别人嫉妒怨恨而推托不做。

何谓舍财作福？释门①万行，以布施为先。所谓布施者，只是舍之一字耳。达者②内舍六根③，外舍六尘④，一切所有，无不舍者。苟非能然，先从财上布施。世人以衣食为命，故财为最重。吾从而舍之，内以破吾之悭⑤，外以济人之急。始而勉强，终则泰然⑥，最可以荡涤⑦私情⑧，祛除⑨执吝⑩。

【注释】

①释门：即佛门。释，指释迦牟尼的姓。佛门出家人，自东晋道安法师以来，皆从释姓，故佛门亦称释门，或释氏。

②达者：指智慧通达的人。

③六根：作六情。指眼、耳、鼻、舌、身、意六种感觉器官，或认识能力。

④六尘：佛教用语，是由六根所产生的作用，便是色、声、香、味、触、法，六种对环境所反应的感受，这六种感受会使人产生错觉，令人陷于生命不净的境地，所以叫尘。

⑤悭：小气，吝啬。

⑥泰然：神色安定，不放在心上，从而自然、从容的样子。

⑦荡涤：指清洗，洗除。

⑧私情：自己自私的心念。

⑨祛除：即去除之意。

⑩执吝：指悭吝不化的念头、思想。

【译文】

什么叫做舍财作福呢？佛门里的万种善行，以布施为最重要。所谓布施，讲的就是一个舍字。真正智慧通达、明白道理的人，什么都能舍，身内如自己身上的眼睛、耳朵、鼻子、舌头、身体、念头，都可以舍；身外的色、声、香、味、触、法，也都可以舍。

一个人所有的一切，没有一样是不可以舍弃的。如果是不能做到什么都舍,那就先从钱财上着手布施吧。世间人都把衣食住行看得像生命一样重要,因此钱财的布施也就最为重要。如果我们顺从其意,能够痛痛快快地施舍钱财,对内而言,可以破除我们小器的习性;对外而言,则可救济别人的急难。

不过看破钱财是很不容易的事,最初做起来,可能会有一些勉强,但只要舍惯了,心中自然安逸,也就没有什么舍不得了。这最容易消除我们内心的贪念私心,也可以除掉我们对钱财的执着与吝啬。

何谓护持正法?法者,万世生灵之眼目也。不有正法,何以参赞①天地?何以裁成②万物?何以脱尘离缚③?何以经世④出世⑤?故凡见圣贤庙貌、经书典籍,皆当敬重⑥而修饬⑦之。至于举扬正法,上报佛恩,尤当勉励。

【注释】

① 参赞:指人与天地自然间的参与和调节。
② 裁成:亦作"财成"。筹谋而成就之。
③ 脱尘离缚:指脱离凡尘世俗的约束。
④ 经世:指治理国事,经历世事。
⑤ 出世:对世俗之事不关注,摆脱世俗的束缚。
⑥ 敬重:恭敬尊重
⑦ 修饬:整治;整修。

【译文】

什么叫做护持正法呢?法,是千万年来所有生灵的眼目,也是真理的准绳。但是法有正有邪,如果没有正法,如何能够参与帮助天地造化之功呢?怎么能够使得世间万物都像裁布成衣那样的成功呢?怎么可以脱离尘世的种种迷惑与种种束缚呢?怎么能够治理与经历世上的一切事情，以及逃离这个污秽的世界与生死轮回的苦海呢？所以，凡是看到圣贤的寺庙、图像、经典、遗训，都要加以敬重；至于有破损不完全的，都应该要修补，整理。至于讲到佛门正法，尤其应该敬重地加以传播、宣扬，使大家都重视，以上报佛的恩德，这些都是尤其应该加以全力实践的。

何谓敬重尊长？家之父兄，国之君长，与凡年高、德高、位高、识高者，皆当加意①奉事②。在家而奉侍父母，使深爱婉容③，柔声下气，习以成性，便是和气格天④之本。出而事君，行一事，毋谓君不知而自恣⑤也；刑一人，毋谓君不知而作威⑥也。事君如天，古人格论⑦，此等处最关阴德。试看忠孝之家，子孙未有不绵远⑧而昌盛者，切须慎之。

【注释】

①加意：注重，特别注意，特别用心。
②奉事：侍候；侍奉。
③婉容：和顺的仪容。
④格天：感通上天。
⑤自恣：放纵自己，不受约束。
⑥作威：谓利用威权滥施刑罚。
⑦格论：格是模式、榜样；论，是观点、道理，合起来就是"此种道理，可作一种榜样"。
⑧绵远：久远。

【译文】

什么是敬重尊长呢？家里的父亲、兄长，国家的君王、长官，以及凡是年岁大、道德高、职位高、见识高的人，都应该特别用心去敬重、侍奉他们。在家里侍奉父母，要有深爱父母的心，与委婉和顺的仪容；对他们声音要柔和，心气要平顺。这样长期不断地熏染，使之成为习惯，自然会养成好的性情，这就是和气可以感动上天的根本。

出门在外事奉君王，不论什么事都应该依照国法去做，不可以为君王不知道而放纵自己随意乱为！审判一个人，不论他的罪轻或重都要仔细审问，公平执法，不可以为君王不知道而利用威权滥施刑罚，冤枉他人！服事君王，要像面对上天一样的恭敬，这是古人所订的规范，这对个人阴德的影响最大。试看凡是忠孝的人家，他们的子孙，没有不绵延久远而且前途兴旺的。所以，对这些，我们一定要小心谨慎地对待。

何谓爱惜物命？凡人之所以为人者，惟此恻隐之心①而已，求仁者求此，积德者积此。周礼②"孟春之月③，牺牲④毋用牝⑤"，孟子谓君子远庖厨⑥，所以全吾恻隐之心也。故前辈有四不食之戒，谓闻杀不食、见杀不食、自养者不食、专为我杀者不食。学者未能断肉，且当从此戒之。

【注释】

①恻隐之心：对别人的不幸表示同情的心情。形容对人寄予同情。

②周礼：周朝时周公所订的礼仪，包括一切典章制度。

③孟春之月：阴历春季的首月。

④牺牲：此指古时祭祀或祭拜时用的牲畜。

⑤牝：雌性的鸟或兽，与"牡"相对。

⑥庖厨：厨房。

【译文】

什么叫做爱惜物命呢？一个人之所以能够有资格成为人，只在他有一颗同情他人的恻隐之心罢了。那些求仁的人，求的就是这一片恻隐之心；那些行善积德的人，积的也就是这一片恻隐之心。有恻隐之心，就是仁，就是德；没有恻隐之心，就是无仁心，无道德。《周礼》上曾说："每年正月的时候，正是畜牲最容易怀孕的期间，这时候的祭品勿用母的。"因为要预防畜牲肚里有胎儿的缘故。孟子也说："君子远离宰杀牲畜的厨房。"这就是告诉我们要保全自己的恻隐之心。所以，古人有四种肉不吃的禁忌：听到动物被杀时的哀鸣声的肉，不吃；看见动物被杀过程的肉，不吃；自己养大的动物的肉，不吃；专门为自己杀的动物的肉，不吃。后辈的人，若想学习前辈的仁慈心，一下子做不到断食荤腥的，也应该从前辈的四不食之戒做起，禁戒少吃，甚至不吃。

渐渐增进，慈心愈长，不特杀生当戒，蠢动含灵①，皆为物命②。求丝煮茧，锄地杀虫，念衣食之由来，皆杀彼以自活。故暴殄③之孽，当与杀生等。至于手所误伤、足所误践④者，不知其几，皆当委曲防之。古诗云："为鼠常留饭，怜蛾不点灯⑤。"何其仁也！

善行无穷，不能殚述⑥；由此十事而推广之，则万德可备矣。

【注释】

①蠢动含灵：犹言一切众生。蠢动，泛指动物；含灵，内蕴灵性。

②物命：有生命的物类。

③暴殄：任意浪费，糟蹋。

④践：踩踏。

⑤为鼠常留饭，怜蛾不点灯：此为苏东坡诗《次韵定慧钦长老见寄八首》后两句。意为担心家里的老鼠没有东西吃，时常为它

们留一点饭菜。夜里不点灯,是为了爱惜飞蛾的生命。

⑥殚述:详尽叙述。多用于否定。

【译文】

  对于食肉而言,虽一时做不到,也要渐渐地增进断绝荤腥的次数,这样时间长了,慈悲心就会慢慢增加。不仅杀生应当戒除,哪怕就是那些极小极小的,不论是愚蠢的或是有灵性的,都是有生命的物类。人类为了做衣服,要用蚕丝,就把蚕茧放在水里蒸煮,不知要杀死多少蚕蛹;农夫耕地种田,用药杀虫,不知要杀害多少昆虫的性命。因此,我们要体会衣食的来处,是经过多少生命换来的,牺牲它们的生命才换来我们的活命。所以糟蹋粮食、浪费东西的罪孽,应该与杀生的罪孽相等。至于随手误伤的生命,脚下误踏而死的生命,又不知道有多少,这些都应该小心设法防止。苏东坡有首诗说:"爱鼠常留饭,怜蛾不点灯。"这话是多么的仁厚慈悲呀!

  善事无穷无尽,哪能说得完;只要把上边说的十件事,加以推广发扬,那么无数的功德,就都完备了。

第四篇　谦德之效

易曰:"天道①亏盈而益谦,地道②变盈而流谦③,鬼神害盈④而福谦⑤,人道恶盈而好谦。"是故谦之一卦⑥,六爻⑦皆吉。书曰:"满招损,谦受益。"予屡同诸公应试⑧,每见寒士⑨将达⑩,必有一段谦光⑪可掬。

【注释】

①天道:天理,天意。
②地道:谓为人合乎一定的道德规范。
③流谦:指极其谦抑。
④害盈:谓使骄傲自满者受祸害。
⑤福谦:使谦虚者得福。
⑥谦之一卦:即谦卦。《易经》六十四卦之第十五卦。卦体中上卦为坤为地,下卦为艮为山。表示谦虚的人像山一样,从不炫耀自己的秀丽,也从不掩饰自己的秃石和断崖。
⑦六爻:《易经》中对每卦画的卦像叫爻。六十四卦中,每卦六画,故称。
⑧应试:应考;参加考试。
⑨寒士:指出身低微的读书人。
⑩达:发达。
⑪谦光:谦虚的神采。

【译文】

《易经·谦卦》上说:"天理,不论什么,对于骄傲自满的便会使他亏损，而谦虚的就让他得到益处。地道，不论什么，凡是骄傲自满的，也要使他改变，不能让他永远满足；而谦虚的要使他滋润不枯，就像低的地方，流水经过，必定会充满了他的缺陷。鬼神，对于骄傲自满的，便会让他遭受惩罚，谦虚的便使他获得福报。人的规则，都是厌恶骄傲自满的人，而喜欢谦虚的人。"这样看来，天、地、鬼、神、人都看重谦虚的一边。所以，《易经》中的谦卦，每一爻也都是吉祥的。《尚书》中也说到："自满，会使人遭到损害；谦虚，会让人得到益处。"我多次与众多学子一起去参加考试，每次都看到贫寒的读书人，快要发达考中的时候，脸上一定有一片谦和而且安详的光彩散发出来，仿佛可以用手捧住一样。

　　辛未①计偕②，我嘉善同袍③凡十人，惟丁敬宇宾④，年最少，极其谦虚。

　　予告费锦坡曰："此兄今年必第⑤。"

　　费曰："何以见之？"

　　予曰："惟谦受福。兄看十人中，有恂恂款款⑥，不敢先人，如敬宇者乎？有恭敬顺承，小心谦畏，如敬宇者乎？有受侮不答，闻谤不辩，如敬宇者乎？人能如此，即天地鬼神，犹将佑之，岂有不发⑦者？"

　　及开榜⑧，丁果中式。

【注释】

①辛未：指公元1571年。

②计偕：称举人赴京会试。

③同袍：旧时在同个军队工作的人互称。泛指朋友、同年、同僚、同学等。

④丁敬宇宾：丁敬宇，本名丁宾，字礼原，嘉善人，与袁了凡

同乡。在隆庆五年中进士,官至南京工部尚书、太子太保,明史有传。

⑤第:即登第,指考中科举之意。

⑥恂恂款款:恭谨、温顺而又忠实、诚恳的样子。恂恂,恭谨温顺的样子;款款,忠实,诚恳。

⑦发:发达。

⑧开榜:即放榜。指过去科举考试结束后,对外公布张贴成绩榜。

【译文】

辛未年,我到京城去会试,我的同乡嘉善人一起去参加会试的,大约有十个人。其中丁敬宇,是我们中最年轻的,而且他非常谦虚。我对同去会试的费锦坡说:"这位老兄今年一定考中。"费锦坡问我说:"你怎样看出来的呢?"

我说:"只有谦虚的人,可以承受福报。老兄你看我们十人当中,为人诚实厚道,一切事情又都不会抢在人前的,有像敬宇兄的吗?对人恭恭敬敬,对事多肯顺受,小心谦逊的,有像敬宇兄这样的吗?受人侮辱而不回嘴,听到人家毁谤而不去争辩的,有像敬宇兄这样的吗?一个人能够做到这样,就是天地鬼神也都会保佑他,岂有不发达的道理?"

等到放榜后,丁敬宇果然考中了。

丁丑①在京,与冯开之②同处,见其虚己敛容③,大变其幼年之习。李霁岩④直谅⑤益友,时面攻⑥其非,但见其平怀顺受,未尝有一言相报。予告之曰:"福有福始⑦,祸有祸先,此心果谦,天必相之,兄今年决第矣。"已而果然。

【注释】

①丁丑：指公元 1577 年。

②冯开之：本名梦桢（公元 1548—公元 1605 年），浙江秀水人。万历五年会试状元，官至国子监祭酒，明史有传。

③虚己敛容：指为人谦虚，面容收敛和顺。

④李霁岩：嘉兴人。具体生平不详。

⑤直谅：正直诚信。

⑥攻：指责。

⑦始：起始，开头，根源。

【译文】

丁丑年，我在京城里，与冯开之住在一起，看见他为人总是非常谦虚，面容和顺，一点也不骄傲，大大改变了他小时候的那些不良习气。李霁岩，是他的一位正直又诚实的朋友，时常当面指责他的不是之处，但见他平心静气地接受了朋友的责备，从来没有过一句反驳的话。我告诉他说："一个人如果有福，一定会有福的根苗；如果有祸，也一定有祸的预兆。只要他的心真是谦虚的，上天一定会帮助他。老兄你今年必定能够登第！"后来冯开之果然考中了。

赵裕峰①，光远，山东冠县人，童年举于乡，久不第。其父为嘉善三尹②，随之任，慕钱明吾③，而执文见之。明吾悉④抹⑤其文，赵不惟不怒，且心服而速改焉。明年，遂登第。

【注释】

①赵裕峰：字光远，具体生平不详。

②三尹：过去一县的知县称大尹，县丞（像秘书、局长）为二尹，科长、科员之类称三尹，亦称少尹。

③钱明吾：嘉善县名士，具体生平不详。
④悉：全部。
⑤抹：涂抹。

【译文】

赵裕峰，名光远，是山东省冠县人。在他不满二十岁的时候，就中了举人，后来又参加会试，却多次不中。他的父亲当时是嘉善县的三尹，裕峰随同他父亲上任。裕峰非常羡慕嘉善县名士钱明吾的学问，就拿着自己的文章去见他，哪知道这位钱明吾先生，竟然拿起笔来把他的文章都涂掉了。赵裕峰不但没有发火，并且是心服口服，赶紧把自己文章的缺失改了。到了第二年，赵裕峰终于考中了。

壬辰岁①，予入觐②，晤③夏建所④，见其人气虚意下，谦光逼人，归而告友人曰："凡天将发斯人也，未发其福，先发其慧；此慧一发，则浮者自实，肆者自敛；建所温良若此，天启之矣。"及开榜，果中式。

【注释】

①壬辰岁：指公元1592年。
②入觐：指过去的地方官员入朝进见帝王。
③晤：见面，遇见。
④夏建所：人名，生平不详。

【译文】

壬辰年，我入京觐见皇上，遇到了一位叫夏建所的读书人，看到他的气质，虚怀若谷，处处不为人先，没有一点骄傲的神气，而且他那谦虚的光彩，仿佛迎面照人。我回来后，便对朋友说："凡是上天要使这个人发达，在没有给他福分时，一定会先启发他的智慧。这种智慧一发，那么浮滑的人自然会变得诚实，放肆的人也自然会变得收敛。夏建所如此温和善良，上天一定会发他的福了。"等到放榜的时候，夏建所果然考中了。

　　江阴张畏岩，积学①工文，有声艺林②。甲午③，南京乡试，寓④一寺中，揭晓无名，大骂试官，以为眯目⑤。时有一道者⑥，在旁微笑，张遽移怒道者。道者曰："相公文必不佳。"

　　张益怒曰："汝不见我文，乌知不佳？"

　　道者曰："闻作文，贵心气和平，今听公骂詈⑦，不平甚矣，文安得工？"

　　张不觉屈服，因就而请教焉。

　　道者曰："中全要命，命不该中，文虽工，无益也。须自己做个转变。"

　　张曰："既是命，如何转变？"

　　道者曰："造命者天，立命者我；力行善事，广积阴德，何福不可求哉？"

　　张曰："我贫士，何能为？"

　　道者曰："善事阴功，皆由心造，常存此心，功德无量，且如谦虚一节，并不费钱，你如何不自反而骂试官乎？"

【注释】

①积学：谓积累学问。
②艺林：犹艺苑。旧时指文艺界或收藏汇集典籍图书的地方。此指众多的读书人群体。
③甲午：此指公元 1594 年。
④寓：住宿。
⑤眯目：小眼睛，意指眼瞎了。

⑥道者：即道士。

⑦骂詈：骂，斥骂之意。詈，音lì。

【译文】

江阴有一位名叫张畏岩的读书人，学问积得很深，文章也做得很好，在众多的读书人当中，颇有名声。甲午年时他参加南京乡试，借住在一处寺院里。等到放榜时，他发现榜上没有自己的名字，便很不服气，因而大骂考官瞎了眼，不识好文章。当时，有一个道士在他旁边，听了他的话不觉笑了，张畏岩便把怒火发在了这道士身上。那道士说："你的文章一定写得不好。"

张畏岩更加愤怒，对道士说道："你又没有看到过我的文章，怎么知道我写得不好呢？"

道士说："我常听人说，写文章最要紧的是要心平气和。现在听到你大骂考官，表示你的心非常不平，气也太暴了，你的文章怎么会写得好呢？"

张畏岩听了道士的话，不自觉地屈服了。因此，他便向道士请教。

道士说："要想考中功名，全要靠命。命里不该中时，你文章写得再好也没用，仍然不会考中。要想考中，你必须对自己有所改变。"

张畏岩问道："既然是命中注定的，又要如何去改变呢？"

道士说："造命的权利虽然在于天，但立命的权利却还是在于自己。只要你肯尽力去做善事，多积阴德，又有什么福是不可求得的呢？"

张畏岩道："我只是一个穷读书人，又能做什么善事呢？"

道士说道："行善事，积阴德，都是由你的心决定的。只要你心中常常存着做善事、积阴德的念头，功德自然会无量无边。就拿谦虚待人处事来说，这又不要花钱，你为什么不自我反省是自己德行太浅,不能谦虚,反而去骂考官对你不公平呢?"

张由此折节①自持②,善日加修,德日加厚。丁酉③,梦至一高房,得试录④一册,中多缺行。问旁人,曰:"此今科试录。"

问:"何多缺名?"

曰:"科第阴间三年一考较⑤,须积德无咎者,方有名。如前所缺,皆系旧该中式,因新有薄行⑥而去之者也。"

后指一行云:"汝三年来,持身颇慎,或当补此,幸⑦自爱。"是科果中一百五名。

【注释】
①折节:降低自己身份或改变平时的志趣行为。
②自持:自我克制。
③丁酉:此指公元 1597 年。
④试录:明清时,将乡试、会试中试的举子姓名籍贯名次及其文章汇集刊刻成册,名曰试录。
⑤考较:即考查。"较"同"校"。
⑥薄行:轻薄的行为。说明品行不端。
⑦幸:希望。

【译文】
张畏岩听了道士的话,从此以后一改自己以前心中的傲气,处处自我克制,时刻留意把持自己,不让自己走错了路。因此,他天天下功夫修善,天天下功夫去积德。丁酉年的一天,他做了个梦,梦见自己来到了一处很高的房屋,在屋里看到了一本考试录取的名册,名册中间有许多的缺行。他看不懂,就问旁边的人:"这是怎么回事?"那个人说:"这是今年考试录取的名册。"

张畏岩便又问:"那为什么名册内有这么多的缺行?"

那个人回答他说:"阴间对那些考试的人,每三年会考查一次,一定要积有功德,没有过失的,这册里才会有他的名字。像这名册前面的缺额,都是从前本该考中,但又因为他们最近犯了过失,所以便把他们的名字去掉了。"

那个人随后又指着一缺行的地方说:"你这三年来,处处自我克制,时刻留意把持自己,没有犯罪过,或许可以补上这个空缺了。希望你珍重自爱,勿犯过失!"果然,在这次的会考中,张畏岩就考中了第一百零五名。

由此观之,举头三尺,决①有神明;趋吉避凶,断然由我。须使我存心制②行,毫不得罪于天地鬼神,而虚心屈己,使天地鬼神,时时怜我,方有受福之基。彼气盈者,必非远器③,纵发亦无受用。稍有识见之士,必不忍自狭④其量,而自拒其福也,况谦则受教有地,而取善无穷,尤修业者所必不可少者也。

【注释】

①决:一定。
②制:约束。
③远器:远大的器量。
④狭:使狭窄,引申为控制、约束。

【译文】

由上面所述看来,抬头三尺高,天上一定有神明在监察着我们的行为。因此,对于利人、吉祥的事情,我们都应该赶快去做;对于凶险、损人的事,我们应该避免,不要去做,这是我们可以自己决定的。只要我们心存善念,约束一切不善的行为,丝毫不得罪天地鬼神,而且自己能够虚心不骄傲,处处不居人上,使得天地鬼神能够时时哀怜我,这样才是有福报的根本所在。那些傲气满怀、目空一切，缺乏宽容大度的人，一定不会有远大的根器，纵使能发达，也不会长久地享受福报。稍有见识的人，必定不会把自己弄得肚量狭小，因而拒绝了自己可以得到的福报；况且谦虚的人，他一定还会接受别人的教导，学习别人的好处和善行，那他能被别人取法的地方，也就没有穷尽了。而这种行为，尤其是对一起进德修业的人来说，一定是不可缺少的啊！

古语云："有志于功名者，必得功名；有志于富贵者，必得富贵。"人之有志，如树之有根。立定此志，须念念①谦虚，尘尘②方便，自然感动天地，而造福由我。今之求登科第者，初未尝有真志，不过一时意兴耳；兴到则求，兴阑③则止。

孟子曰："王之好乐甚，则齐其庶几乎④？"予于科名亦然。

【注释】

①念念：即所有的念头。
②尘尘：所有像尘埃一样的小事。
③阑：尽，晚，完了之意。
④王之好乐甚，齐其庶几乎：出自《孟子·梁惠王篇》。意为："大王如果非常喜欢音乐，那齐国也就差不多（治理好）了。"庶几，差不多，近似。

【译文】

古人有说："有心要求取功名的人，一定可以得到功名；有心求得富贵的人，一定可以获得富贵。"一个人有着理想和志向，就像一棵树有了根一样。人只要立定了这种伟大的志向，那么所有的念头都必须要谦虚，即使碰到像灰尘一样极小的事情，也要给人以方便。如果能够做到这样，自然能够感动天地，而为自己造福，也要全靠自己真心，才能造就。像现在那些求取功名的人，当初哪有什么真心,只不过是一时兴起罢了;兴致来了就去求,兴致退了就停止。

孟子曾对齐宣王说:"大王喜好音乐,若是到了极点,那么齐国的国运大概也就可以兴旺了。"我对于追求科第功名的看法,也同孟子一样,要把求科名的心,落实推广到积德行善上;并且要尽心尽力地去做,那么命运与福报,就都能够由我自己决定了!

俞净意公遇灶神记

明嘉靖①时，江西俞公，讳②都，字良臣，多才博学，十八岁为诸生③，每试必列高等④；年及壮，家贫授徒，与同庠生⑤十余人结文昌社，惜字放生，戒淫杀口过，行之有年。前后应试七科，皆不中。生五子四子病夭，其第三子甚聪秀，左足底有双痣，夫妇宝之，八岁戏于里中⑥，遂失踪，不知所⑦之。生四女公存其一。妻以哭儿女故，二目皆盲。

【注释】

①嘉靖：是明朝第十一位皇帝明世宗朱厚熜（1507—1567年）的年号。

②讳：旧时指死去的帝王或尊长的名字。

③诸生：古代经考试录取而进入中央、府、州、县各级学校学习的生员的统称。也指在学读书的学生。

④高等：古代举官选士，政绩学业获优良者。

⑤庠生：古代学校称庠，故学生称庠生。明清科举制度中府、州、县学的生员，别称庠生，也就是秀才。

⑥里中：即故里。此指家门外。

⑦之：动词，去，往之意。

【译文】

明朝嘉靖年间，江西有位俞公，名都，字良臣。他少年时就博学多才，十八岁中了秀才，每次考试都名列前茅。到了壮年，因家中清贫，他就在私塾教学生。教书之余，和十几个同学共同结文昌社，按《文昌帝君阴骘文》行善积德，大家一起惜字、放生、戒淫杀、戒口过，这样做了许多年。俞公年轻时，家中灾祸不断，诸事不顺。他曾前后七次参加考试，却屡考不中。他生了五个儿子，四个却因病夭折，只留下第三个儿子。这个三儿子很聪明，左脚底下长有两颗痣，夫妻俩对这个儿子疼爱有加。可惜，这个儿子八岁时在外面玩耍而失踪，从此不知去向。俞公还生有四个女儿，也只剩下一个。俞公的妻子，也因极度思念儿女的缘故，哭瞎了双眼。

公潦倒终年，贫窭益甚，自反无大过，惨膺①天罚。年四十外，每岁腊月终，自写黄疏②，祷于灶神，求其上达，如是数年，亦无报应③。

【注释】

①膺：接受，承当。

②疏：奏章，书文。

③报应：是指人做善恶之事，会得到不同的结果。此感应，回应。

【译文】

俞公几十年来一直不得志，家境越来越困窘，反省时又觉得自己没犯过大错，为何老天如此不公，给予我这样严厉的惩罚？年过四十之后，每年腊月三十祭灶神时，俞公便亲自书写一篇疏文，祷告灶神，请求代他传递给上天，这样做了几年，也毫无感应。

至四十七岁时，除夕与瞽①妻、一女夜坐，举②室萧然③，凄凉相吊④。忽闻叩门声，公秉烛视之，见一角巾皂服⑤之士，须发半苍，长揖就坐，口称姓张："自远路而归，闻君家愁叹，特来相慰!"

【注释】

①瞽：音 gǔ。瞎眼。
②举：全。
③萧然：萧条的样子。
④相吊：指相互慰问。
⑤角巾皂服：古代隐士常驻着服饰。角巾，即方巾，有棱角的头巾；皂服，旧时小吏所着的黑衣服。

【译文】

直到俞公四十七岁，那年除夕之夜，俞公与瞎妻和女儿坐在一起，看到别人家团圆美满而自己家这样凄凉，不禁倍感凄凉。一家三口正在感伤时，忽然听到一阵敲门声，俞公拿着蜡烛去开门，看见来人身穿黑衣，顶结方巾，须发半苍白。此人作揖行礼后坐了下来，并自称姓张，说："我从远道归来，因为听到你家中有哀叹声，特地前来安慰。"

公心异其人，执礼甚恭，因言生平读书积行①，至今功名不遂②，妻子③不全，衣食不继，且以历焚灶疏为张诵之。

【注释】

①积行：积累善行。
②遂：顺意，成功，实现。
③妻子：妻子与儿女。

【译文】

俞公心里觉得此人气质不凡，对他格外恭敬行礼后，两人便交谈起来。俞公说起平生读书积德，可至今仍功名未成，妻子残疾儿女不全，衣食困难，还把每年除夕所写的疏文念给张公听。

张曰："予知君家事久矣。君意恶太重，专务虚名，满纸怨尤①，渎②陈上帝③，恐受罚不止此也！"

【注释】
①怨尤：怨恨，责怪
②渎：轻慢，对人不恭敬。
③上帝：此指天帝。

【译文】
张公说："你的家事我早就知道了。你的问题是意恶太重，做事光图虚名，而且疏文之中满是怨天尤人的语气，所述对天帝多有亵渎，恐怕受到的惩罚还不止如此啊！"

公大惊曰："闻冥冥①之中，纤善②必录。予誓行善事，恪奉规条久矣，岂尽属虚名？"

【注释】
①冥冥：此指主宰人世祸福的神灵世界。
②纤善：非常细小的善行。

【译文】
俞公大吃一惊，问："我听说冥冥之中哪怕是做一点点善行，上天也必定会记录在案。这三十年来我发誓行善，对各种规条都一直遵守奉行，这难道能说是只图虚名吗？"

张曰："即如君规条中惜字一款，君之生徒与知交辈，多用书文旧册糊窗裹物，甚至以之拭桌，且藉口曰勿污，而旋焚之；君日日亲见，略不戒谕①一语，但遇途间字纸，拾归付火，有何益哉？社中每月放生，君随班奔逐，因人成事②，倘诸人不举③，君亦浮沉④而已，其实慈悲之念，并无动于衷也。且君家虾蟹之类亦登于庖，彼独非生命耶？若'口过'一节，君语言敏妙⑤，谈者常倾倒于君；君彼时出口，心亦自知伤厚，但于朋谈惯熟中，随风讪笑，不能禁止，舌锋所及，怒触鬼神阴恶之注，不知凡几！乃犹以笃厚自居，汝谁欺？欺天乎！邪淫虽无实迹，君见人家美女子，心熟视之，心即摇摇不能遣，但无邪缘相凑耳。君自反省，当其境能如鲁男子⑥乎？遂谓终身无邪色，可对天地鬼神，真妄也！此君之规条誓行者尚然如此，何况其余？君连岁所焚之疏，悉陈于天，上帝命日游使者察君善恶，数年无一实善可记；但于私居独处中，见君之贪念、淫念、嫉妒念、褊急⑦念、高己卑人念、忆往期来念、恩仇报复念、憧憧⑧于胸，不胜记述。凡此种种意恶，固结于中，神注已久，天罚日甚；君逃祸不暇，何由祈福哉？"

【注释】

①戒谕：告诫训谕。

②因人成事：依靠别人的力量办成事情。因，依靠。

③不举：不举办，不进行。

④浮沉：在水中或空中忽上忽下。喻随波逐流。

⑤敏妙：明快，隽美。

⑥鲁男子：春秋时鲁国人颜叔子，传说他洁身自好，不贪恋女色，有坐怀不乱之誉。

⑦褊急：气量狭小，性情急躁。

⑧憧憧：往来不绝的意思。

【译文】

　　张公见他如此，回答说："就拿你们规条中所约定爱惜字纸这一款来说吧。你的学生和朋友经常用旧书糊窗户，包东西，甚至拿来擦桌子，你借口不能沾污字纸，很快就把纸烧了。你每天亲眼见到，却不说一句教戒之语，只是在路上偶尔看到字纸，捡回来用火烧掉，这有什么用呢？文昌社每个月放生，你只是跟随别人奔走，依靠别人成事；假如别人不去，你也便随波逐流。其实，在你内心里，从未升起过一点点慈悲心。况且你家还在吃虾蟹之类，他们难道就不是生命吗？可见你戒杀也是嘴上说说而已，并没有爱护生命的真实善心。再说'戒口过'这事，你语言敏捷巧妙，听者往往为你倾倒。你那时话一出口，也自知伤人太深，但在朋友之间说笑习惯了，随随便便就冷嘲热讽，无法克制，舌头像刀锋一样刻薄，语言中往往触怒鬼神，你每天所犯的口过记录下来的不知有多少。而你居然还以厚道自居，你这是欺骗谁呢？是欺骗上天吗？你虽无邪淫的事实，却有邪淫之心，你见到人家的女子貌美，必会久久凝视，心旌摇曳，不能自己，只是没有邪淫的机会而已。你自己反省一下，自己真的能象鲁国的正人君子那样坐怀不乱吗？而你竟敢说自己终身没有邪色，可以面对天地鬼神，真是妄想！这是你发誓遵守的规条，尚且做得如此不堪，何况其他规条之外的行为，就更不用说了。你每年所焚告的疏文，都已原原本本汇报到天上，天帝特意派遣日游使者观察你的善恶，可是多年以来，你没有一件真实的善行可记。反倒是在你私居独处时，可见你心中的贪念、淫念、嫉妒念、急功近利的念头，自以为是、轻慢别人的念头；追念往昔、期望将来的念头；报恩复仇的念头，充斥于胸，不可胜数。这些种种恶念在心中固结，被天神记录得太多了。以后对你的惩罚还会日益严厉，你逃避灾祸都来不及，凭什么还希求获得福报呢？"

公惊愕惶悚①,伏地流泪曰:"君既通幽冥②事,定系尊神②,愿求救度。"

【注释】

①惶悚:惶恐,心中害怕。

②幽冥:此指暗地里,暗中。

③尊神:对神明的敬称。

【译文】

俞公听了又惊又怕,全身颤抖,跪在地上哭泣说:"您既然知道冥冥之中的事,必定是神仙,求您救救我!"

张曰:"君读书明理①,亦知慕善而乐:当其闻一善言时,不胜激动;见一善事时,不胜鼓舞。但旋②过旋忘,信根原自不深,恒性③是以不固,故平生善行善言,都是敷衍了事④,何尝有一事着实!且满腔意恶,起伏缠绵⑤,独欲责天美报,如种遍地荆棘,痴痴然望收嘉禾⑥,岂不谬哉!君从今后,凡有淫、贪、嗔、痴、妄想诸杂念,先具⑦猛力,一切摒除,收拾干干净净,一个念头,只理会善一边去;若有力能行的善事,不图报,不务名,不论大小难易,实实在在耐心行去;若力量不能行的,亦要诚诚恳恳,使此善意圆满⑧。第一要忍耐心,第二要永远心;切不可自惰,切不可自欺,久久行之,自有意外效验。君家事我,甚见虔洁⑨,特以此意报之,速速勉持,可回天意!"

【注释】

①明理:明白事理。

②旋:立即,马上。

③恒性:坚定、持久的精神或意念。

④敷衍了事：指办事马马虎虎，不用心，只是应付过去就算完事了。敷衍，做事不认真，态度不端正；了，完。

⑤起伏缠绵：此指思想起起落落，纠缠不断。

⑥嘉禾：生长奇异的禾，古人以之为吉祥的征兆。亦泛指生长茁壮的禾稻。

⑦具：供置，出具。

⑧圆满：没有缺陷、漏洞，使人满意。完美无缺；完善。

⑨虔洁：诚敬而纯洁。

【译文】

张公说："你读圣贤书明白道理，也知道要学好，以善为乐。当你听到劝善之语时，内心也很激动；见人行善时，内心也深受鼓舞。但是你事情一过就忘，信根本来就不深，恒心也不稳固，因此你平生的善言善行都是敷衍了事，哪里有一件事真正落到实处？而且你内心充满了各种恶念，此起彼伏，终日摆脱不了，却还责备上天不为你降福。这就好像你种了满地的荆棘，却还痴心妄想收获禾稻，这难道不荒谬吗？你从今以后，要把所有的贪淫、刻薄、妄想、其他杂念，先下大力气彻底改正，把内心的恶念消灭的干干净净，只有一个念头，就是一心向善。有力量做到的善事，就要不求回报，不图名利，不论事情大小、难易，都要一心一意、实实在在地耐心去做。如果自己能力做不到的善事，也要诚诚恳恳去做，一定要让自己的善心圆满。第一要有忍耐心，第二要有永远心；千万不可懈怠懒惰，不可自欺欺人，如果能长期坚持，自然会有意想不到的果报。你们家对待我非常虔诚恭敬，我特意把这个道理讲给你听，以报答你们。你要好自为之，赶快勉力修持，还可挽回天意。"

言毕即进公室内，公即起随之，至灶下忽不见，方悟为司命①之神，因焚香叩谢。即于次日元旦②，拜祷天地，誓改前非，实行善事，自别其号曰"净意道人"，志誓去③诸妄也。

【注释】
① 司命：神名。此指灶神。
② 元旦：此指农历正月初一。
③ 去：去除，消除。

【译文】
张公说完，就往俞公家的内室走去，俞公连忙起身跟随。到了灶下，张公忽然消失不见。俞公这才恍然大悟，原来张公就是灶神显灵。当即俞公便虔诚烧香叩谢，并于次日大年初一拜祷天地，发誓一定要改正自己的过失，专做善事，还把自己的号改为"净意道人"，志在誓除各种妄念。

初行之日，杂念纷乘，非疑则惰，忽忽①时日，依旧浮沉。因于家堂所供观音大士前，叩头流血，敬发誓愿：善念真纯，善力精进，倘有丝毫自宽，永堕地狱。每日清晨，虔诵大慈大悲圣号一百声以祈阴相。从此一言一动、一念一时，皆如鬼神在旁，不敢欺肆②。凡一切有济于人、有利于物者，不论事之巨细、身之忙闲、人之知不知、力之继不继，皆欢喜行持，委曲③成就而后止。随缘方便，广植阴功④，且以敦伦⑤勤学、守谦忍辱，与夫因果报应之言，逢人化导，唯恐不足。每月晦日⑥，即计一月所行、所言者，就灶神处具疏以告之。

【注释】
① 忽忽：时间快速飞逝的样子。
② 欺肆：欺骗放纵。

③委曲：辗转周折。
④阴功：阴德。
⑤敦伦：敦睦人伦。
⑥晦日：农历每月的最后一天，即大月三十日、小月二十九日。

【译文】

刚开始行动时，杂念很多，不是怀疑就是懈惰。过了很长一段时间，依然浮躁沉沦。于是他在家中供奉的观音菩萨像前不断磕头，以致磕得头都流血了，又虔诚的立誓发愿：今后一定善念真纯，善德精进，如果还是宽恕自己，就永远堕地狱；发愿每天早晨虔诚念诵大慈大悲观世音菩萨名号一百声，以祈求菩萨在冥冥加持。所以，此后每说一句话，每做一个行为，每动一个念头，都好像有鬼神在一旁监视，让他不敢有丝毫自欺和放逸。凡是有利人、有利于物的事，不管大小，有空没空，别人知道不知道，自己力量够不够，凡是善法他都欢喜去做，直到做好为止；他随缘方便，广植阴功，并且以伦理道德、勤奋学习、谦虚忍辱和因果报应的道理劝导大众，逢人说教，惟恐时间不够。在每个月的最后一天，俞公记下一个月的所行所言，写成疏文，向灶神报告。

持之既熟，动则万善相随，静则一念不起。如是三年，年五十岁，乃万历①年甲戌会试②。张江陵③为首辅④，辍闱⑤后，访于同乡为子择师，人交口⑥荐公，遂聘赴京师，公挈眷以行。经敬公德品，为爰列入国学。万历四年丙子，附京乡试，遂登科⑦。次年中进士。

【注释】

①万历：明神宗朱翊钧的年号，此年号使用共48年，为明朝所使用时间最长的年号。

②会试：中国古代科举制度中的中央考试。应考者为各省的举人及国子监监生，录取者称为"贡士"，第一名称为"会元"。

③张江陵：即明朝宰相张居正。因其为湖北江陵人，故称之为张江陵。

④首辅：明代和清代首席大学士的习称。其职权极重，相当于宰相。

⑤闱：科举时代对试院称呼。

⑥交口：众口；齐声。

⑦登科：也称"登第"。科举考中进士。

【译文】

这样坚持久了，一切就成为了自然的事情，一举一动都有许多善念相随，一静下来则不再有一丝杂念产生。这样过了三年，俞公五十岁时，也就是万历二年（即公元一五七四年），他参加了会试，当时担任主考官的是首辅叫张居正。考完后，张居正想在同乡中为儿子寻访一位品学兼优的人做老师，这时大家都一致推荐俞公。张居正便聘请了俞公，请其共赴京师。于是俞公带着全家一起进了京，做了宰相公子的老师。张首辅敬重俞公的品德，便引荐他进入了国子监学习。万历四年（公元一五七六年）丙子这一年，俞公在京师参加乡试，考中了举人，第二年又中了进士。

一日谒内监①杨公，杨令五子出拜，皆其觅诸四方、为己嗣以娱老②者。内一子年十六，公若熟其貌，问其籍，江右③人，小时误入粮船，独依稀记姓氏闾里④。公甚讶之，命脱左足，双痣宛然，公大呼曰："是我儿也！"杨亦惊愕，即送其子，随公还寓。公奔告夫人，夫人抚子大恸⑤，血泪迸流；子亦啼，捧母之面而舐其目，其母双目复明。

【注释】

①内监：古时宦官、太监的称呼。因那时宫廷又称"大内""内府""内廷"，所以宦官、太监又称为"内监"。

②娱老：欢度晚年。

③江右：地理方位名词，即江西省。

④闾里：里巷；平民聚居之处。

⑤恸：极悲哀，大哭。

【译文】

有一天，俞公去拜访内监杨公。杨公让自己的五个儿子出来拜见客人，这些孩子都是杨公全国从各地找来的养子，以为自己能欢度晚年。这其中有个十六岁的小孩，俞公觉得特别面熟，就问问他的籍贯。孩子回答说是江右一带人，还记得小时候在外面玩耍时，因误上了别人的粮船而离开了家乡；他现在还记得自己姓氏和家住的地方。俞公非常吃惊，就让他脱下左脚的鞋子，发现他的左脚底下竟有两颗明显的痣。俞公因此激动地喊道："这是我的儿子呀！"杨公也很震惊，于是把孩子送还给俞公，让他跟俞公回家。俞公此时激动不已，一路奔跑回家告诉夫人。母子见面痛哭失声，母亲抚摸孩子，眼中血泪迸流；孩子也哭了，他孝顺的捧着母亲的脸，用舌头舔母亲的眼睛，老夫人双眼竟然奇迹复明。

公悲喜交集①，遂不愿为官，辞江陵②回籍。张高其义，厚赠而还。公居乡，为善益力；其子娶妻，连生七子皆育③，悉嗣④书香⑤焉。公手书《遇灶神记》，并实行必过事以训子孙，身享康寿八十八岁，人皆以为实行善事回天之报云。

【注释】

①悲喜交集：悲伤和喜悦的心情交织在一起。

②江陵：此指张居正。

③育：指抚养成人。

④嗣：继承；接续。

⑤书香：古人为了防止虫子咬食书籍，将一种有清香之气的芸香草置于书中。这种草有一种清香之气，夹有这种草的书籍打开之后清香袭人，故而称之为"书香"。后常以此指家中有读书先辈的人家，或指读书的风气、读书的习尚等。

【译文】

俞公悲喜交集，于是不愿再出仕，便向首辅张居正提出辞官回乡的愿望。张首辅敬重他的高义，便厚赠他贵重礼物送他返乡。俞公返乡后，行善比以前更加积极。他的儿子娶妻成家后，连生了七子，都学业出众，继承了书香门第之风。俞公亲自写下了遇到灶神以及亲身改过的事迹，以此训导子孙，他晚年快乐无忧，健康长寿，一直活到八十八岁。大家都认为，这是他积德行善，所以得到上天福报的缘故。

袁了凡居士传

彭绍升撰

袁了凡先生,名黄,字坤仪,江南吴江人。了凡之先祖,赘嘉善殳氏,遂补嘉善县学生。隆庆四年,举于乡。万历十四年,成进士,授宝坻抵县。后七年擢兵部职方司主事。会朝鲜被倭难,来乞师;经略(官名,掌一路兵民之事,权任甚重,在总督之上。)宋应昌奏了凡军前赞画(犹今之参谋也。)兼督朝鲜兵。提督(旧官制 官名。清代于重要省分设提督,统辖全省水陆各军,为武职最高之官。)李如松以封贡绐倭,倭信之,不设备;如松遂袭破倭于平壤。(平壤,朝鲜安南道首邑,面江背山,形势险要。)了凡面折如松,不应行诡道,亏损国体;而如松麾下又杀平民为首功,了凡争之强。如松怒,独引兵而东。倭袭了凡,了凡击却之,而如松军果败。思脱罪,更以十罪劾了凡。而了凡旋以拾遗被议,(被忌者诬陷也。)罢职归。居常善行益切,年七十四终。熹宗(天启庙号。)朝,追叙倭功,赠尚宝司少卿。了凡自为诸生,好学问,通古今之务,象纬律算兵政河渠之说,靡不晓练。(先生博学尚奇,凡河洛理数,律吕,水利,兵备,旁及勾股,堪舆,星命之学,无不精密研求,富有心得,有两行斋集历法新书皇都水利评注八代文宗群书备考手批纲鉴行世。)其在宝坻,孜孜求利民。县被潦,了凡乃浚三岔河,筑堤以御之。(宝坻属于直隶之京兆,南临渤海,西近白河,为北方易受水患之地。)又令民居海岸植柳,海水溅沙上,遇柳而淤,久之成堤。治沟塍,(界水之田塍也。)课耕 种,旷土日辟。省诸徭役(省徭役,不使民从事义务工作也。)以便民。家不富而好施。居常诵持经咒,习禅观,日有课程。公私遽冗,未尝暂辍。着戒子文四篇行 于世。夫人贤,常助之施,亦自记功行。不能书,以鹅翎茎溃朱逐日标历本。或见了凡立功少,辄颦蹙。尝为子制冬袄,将买花絮。了凡曰:'丝绵轻暖,家中自有,何必买絮!'夫人曰:'丝贵花贱,我欲以贵易贱,多制絮衣,以衣冻者耳。'了凡喜曰:'若如是,不患此子无禄矣!'子俨后亦成进士,终高要知县。

【作者介绍】

彭绍升(1740—1796),法名际清,字允初,号尺木,江苏长洲人。彭家世清华,祖名定求(1645—1719),字勤止,号南畇,康熙二十五年(1686)状元,官侍讲。父名启丰(1701—1784),字翰文,号芝庭,又自号香山老人,雍正五年(1727)状元,官至兵部右侍郎。绍升自幼聪颖。年十六,为诸生。明年举于乡。又明年,捷南宫,以名进士终于家。

云谷大师传

(明)憨山德清撰

　　师讳法会,别号云谷,嘉善胥山怀氏子。生于弘治庚申,幼志出世,投邑大云寺某公为师。初习瑜伽①,师每思曰:"出家以生死大事为切,何以碌碌衣食计为?"年十九,即决志操方②,寻登坛受具。闻天台小止观法门,专精修习。法舟济禅师③,续径山之道④,掩关于郡之天宁。师往参扣,呈其所修。舟曰:"止观之要,不依身心气息,内外脱然。子之所修,流于下乘,岂西来的意耶?学道必以悟心为主。"师悲仰请益,舟授以念佛审实话头⑤,直令重下疑情。师依教日夜参究,寝食俱废。一日受食,食尽亦不自知,碗忽堕地,猛然有省,恍如梦觉。复请益舟,乃蒙印可。阅《宗镜录》,大悟唯心之旨。从此一切经教,及诸祖公案,了然如睹家中故物。于是韬晦丛林,陆沉贱役。一日阅《镡津集》,见明教大师⑥护法深心,初礼观音大士,日夜称名十万声。师愿效其行,遂顶戴观音大士像,通宵不寐,礼拜经行,终身不懈。

　　时江南佛法禅道,绝然无闻。师初至金陵,寓天界毗卢阁下行道,见者称异。魏国先王闻之,乃请于西园丛桂庵供养,师住此入定三日夜。居无何⑦,予先太师祖西林翁⑧,掌僧录,兼报恩住持,往谒师,即请住本寺之三藏殿。师危坐一龛,绝无将迎,足不越阃⑨者三年,人无知者。偶有权贵人游至,见师端坐,以为无礼,谩辱之。师拽杖之摄山栖霞⑩。

栖霞乃梁朝开山，武帝凿千佛岭，累朝赐供赡田地。道场荒废，殿堂为虎狼巢。师爱其幽深，遂诛茅⑪于千佛岭下，影不出山。时有盗侵师，窃去所有，夜行至天明，尚不离庵。人获之，送至师。师食以饮食，尽与所有持去，由是闻者感化。太宰五台陆公，初仕为祠部主政，访古道场，偶游栖霞，见师气宇不凡，雅重之。信宿⑫山中，欲重兴其寺，请师为住持。师坚辞，举嵩山善公以应命。善公尽复寺故业，斥豪民占据第宅，为方丈、建禅堂、开讲席、纳四来。江南丛林肇于此，师之力也。

道场既开，往来者众，师乃移居于山之最深处，曰"天开岩"，吊影如初。一时宰官居士，因陆公开导，多知有禅道，闻师之风，往往造谒。凡参请者，一见，师即问曰："日用事如何？"无论贵贱僧俗，入室必掷蒲团于地，令其端坐，返观自己本来面目，甚至终日竟夜无一语。临别必叮咛曰："无空过日。"再见，必问别后用心功夫，难易若何。故荒唐者，茫无以应。以慈愈切而严益重，虽无门庭设施，见者望崖不寒而栗。然师一以等心相摄，从来接人软语低声，一味平怀，未尝有辞色⑬。士大夫归依者日益众，即不能入山，有请见者，师以化导为心，亦就见⑭。岁一往来城中，必主于回光寺。每至，则在家二众，归之如绕华座。师一视如幻化人，曾无一念分别心。故亲近者，如婴儿之傍慈母也。出城多主于普德，臞鹤悦公实禀其教。

先太师翁，每延入丈室，动经旬月。予童子时，即亲近执侍，辱师器之，训诲不倦。予年十九，有不欲出家意。师知之，问曰："汝何背初心耶？"予曰："第厌其俗耳。"师曰："汝知厌俗，何不学高僧？古之高僧，天子不以臣礼待之，父母不以子礼畜之。天龙恭敬，不以为喜。当取《传灯录》《高僧传》读之，则知之矣。"予即简书笥，得《中峰广录》一部，持白师。师曰："熟味此,即知僧之为贵也。"予由是决志薙染[15],实蒙师之开发,乃嘉靖甲子岁也。丙寅冬,师愍禅道绝响,乃集五十三人,结坐禅期于天界。师力拔予入众同参,指示向上一路,教以念佛审实话头,是时始知有宗门事[16]。比南都诸刹[17],从禅道者四五人耳。

师垂老,悲心益切。虽最小沙弥,一以慈眼视之,遇之以礼,凡动静威仪,无不耳提面命,循循善诱,见者人人以为亲已。然护法心深,不轻初学,不慢毁戒。诸山僧多不律,凡有干法纪者,师一闻之,不待求而往救,必恳恳当事[18],佛法付嘱王臣为外护,惟在仰体佛心,辱僧即辱佛也。闻者莫不改容释然,必至解脱而后已,然竟罔闻于人者。故听者,亦未尝以多事为烦。久久,皆知出于无缘慈也。了凡袁公未第时,参师于山中,相对默坐三日夜,师示之以唯心立命之旨。公奉教事,详《省身录》。由是师道日益重。隆庆辛未,予辞师北游。师诫之曰:"古人行脚,单为求明己躬下事,尔当思他日将何以见父母师友,慎毋虚费草鞋钱也。"予涕泣礼别。

壬申春,嘉禾吏部尚书默泉吴公、刑部尚书旦泉郑公、平湖太仆五台陆公与弟云台,同请师故山[19]。诸公时时入室问道,每见必炷香请益,执弟子礼。达观可禅师,常同尚书平泉陆公、中书思庵徐公,谒师扣《华严》宗旨。师为发挥四法界圆融之妙,皆叹未曾有。

师寻常示人,特揭唯心净土法门,生平任缘,未常树立门庭。诸山但有禅讲道场,必请坐方丈。至则举扬百丈规矩,务明先德典刑[20],不少假借。居恒安重寡言,出语如空谷音。定力摄持,住山清修,四十余年如一日,胁不至席。终身礼诵,未尝辍一夕。当江南禅道草昧[21]之时,出入多口之地,始终无议之者,其操行可知已。

师居乡三载，所蒙化千万计。一夜，四乡之人，见师庵中大火发。及明趋视，师已寂然而逝矣，万历三年乙亥正月初五日也。师生于弘治庚申，世寿七十有五，僧腊五十。弟子真印等，茶毗葬于寺右。

予自离师，遍历诸方，所参知识，未见操履平实、真慈安详之若师者。每一兴想，师之音声色相，昭然心目。以感法乳之深，故至老而不能忘也。师之发迹入道因缘，盖常亲蒙开示。第末后一着，未知所归。前丁巳岁，东游，赴沈定凡居士斋。礼师塔于栖真，乃募建塔亭，置供赡田，少尽一念。见了凡先生铭未悉，乃概述见闻行履为之传，以示来者。师为中兴禅道之祖，惜机语失录，无以发扬秘妙耳。

释德清曰：达摩单传之道，五宗而下，至我明径山之后，狮弦[22]将绝响矣。唯我大师，从法舟禅师，续如线之脉。虽未大建法幢，然当大法草昧之时，挺然力振其道，使人知有向上事。其于见地稳密，操履平实，动静不忘规矩，犹存百丈之典刑。遍阅诸方，纵有作者[23]，无以越之。岂非一代人天师表欤！清愧钝根下劣，不能克绍家声，有负明教。至若荷法之心，未敢忘于一息也。敬述师生平之概，后之观者，当有以见古人云。（依《憨山老人梦游集》录校）

【注释】

①瑜伽：在汉传佛教中，常用指专为修福、荐亡所做的法事仪轨。明太祖时，曾规定僧人分为三类，除了"禅僧"和弘扬诸经义旨的"讲僧"外，其为人诵经礼忏的应赴僧，统称为"瑜伽僧"（又名"教僧"）。

②操方：即行脚参方。

③法舟济禅师：明代临济宗僧道济，字法舟，又称济关主。嘉

靖三十九年秋示寂,世寿七十四,法腊五十二,有语录行世。

④径山:指南宋临济宗禅僧宗杲,号妙喜,孝宗时赐号"大慧禅师",常住杭州径山弘法,时有径山宗杲之称。其法脉被称为大慧派,后世有元叟行端、楚石梵琦等承其宗风。

⑤念佛审实话头:又称"念佛审实公案",方法是提起一句佛号作话头,即在佛号提起之处,发起"念佛是谁"的疑情。以此斩断妄念,一门深入,直至打破疑团,亲见本来面目。

⑥明教大师:北宋云门宗僧契嵩,常顶戴观音像,日诵其号十万声。后游京师,献所著《辅教篇》、《传法正宗记》等,甚为仁宗嘉赏,乃诏令入藏,并赐"明教大师"之号。

⑦无何:不久。

⑧西林:明代僧永宁,字西林,任南京僧录司左觉义兼大报恩寺住持,是憨山大师的出家剃度师。嘉靖四十四年示寂,世寿八十三。

⑨阃(kǔn):门坎。

⑩曳杖之摄山栖霞:拖着手杖前往摄山栖霞寺。之,前往。摄山,今称栖霞山。

⑪诛茅:剪除荒草以营居。

⑫信宿:连宿两夜。

⑬未尝有辞色:指说话和表情都很平和。

⑭就见:指下山接受众人的参见。

⑮薙染:即剃染,指出家为僧。剃除须发、身着染衣,为佛弟子出家之相。染衣,用木兰色等坏色来染成的衣,即僧衣。

⑯宗门事:指禅宗参究向上,悟明心地之事。

⑰比:合。南都:南京。

⑱当事:当政者。

⑲浙江嘉兴府别称嘉禾,所辖有嘉善、平湖等县。师为嘉善

胥山人,因此几位同乡的宰官护法,共同请师归乡,休老于山中。

⑳典刑:可资效法的规范、准绳。

㉑草昧:初创尚未明了之时。

㉒狮弦:以狮子之筋作成的乐弦,奏之则余弦悉绝,喻指如来正法眼藏。

㉓作者:指出世弘法者。

重刻了凡四训跋(摘录)

袁了凡先生诫子文四篇,乃奉行《感应篇》《功过格》之骨髓,其首曰立命之学。盖数虽前定,命可转移,勉人奋发,毋甘暴弃(不受善言曰自暴,不能有为曰自弃)故首之 以立命先开其端绪。凡人之不肯迁善(回心向善)者,皆自以为无过也。夫不止恶而行善,如注水于漏器,但见其损,不见其增,遂以为无效者,乃自误也。故先曰 诸恶莫作,次曰众善奉行。若诸恶仍作,众善奉行,则刚刚扯直。若诸恶仍作,数善略行,则自然见祸不见福。故其二曰改过之法。夫改过乃立命之下手第一着工夫 也。世人未尝无起信行善者,而往往局(拘也)于常见,不合古人者多。故其三曰积善之方。积善一篇,论行善有真假、端曲、阴阳、是非、偏正、半满、大小、难 易之辨,可谓推阐尽致矣(阐,昌善切。层层开示更无剩义。)故积善篇乃立命之正轨也(犹言必由之路也。)夫初学行善,如贫子骤穿华服,不免有骄矜之意(骄,自满意;矜,夸张意)贡高我慢(倨傲无礼)薄视一切,锱铢天下(锱铢,轻微也。六铢曰锱,合二十四铢成一两。锱铢天下犹言目空一世也。)满招损,谦 受益,故终之以谦德之效。夫谦虚则为善惟日不足,故谦德篇乃立命之克保有终也。文虽四大段,其实一篇也。从前善本如慈溪(县名。属浙江宁波府)叶思敬之省 心集,东鲁(山东)三槐堂(王氏)重刊阴骘文注证,卷末附梓文皆全刊四训。逮(及也)后坊(书坊)刻善书不达(不明白也)立言本旨(本意也),专刻立命一篇,又复删节其原文,贻(传也)误后学非浅鲜(少也)也。公此文如精金美玉，为明代鉅文，非仅泛常（通常）劝世文可比。兹敬重录梓。附录俞凈意公遇灶神记。因是篇攻治意恶。抉出世人通病处。祥四训之所未详。同为有功于人心世道。旷古稀有之至文。故是篇紧接四训之后。次附录彭二林先生所撰之了凡居士传。又次附录憨山大师所撰之云谷禅师传。并加以不厌求详之注释。更于一切警策处。缀以圈点。为海内外阅者作快读之一助焉。

尤惜阴谨撰。

翰墨国学馆
HANMO GUOXUEGUAN

论语	〔春秋〕孔子　著
道德经	〔春秋〕老子　著
孟子	〔战国〕孟子　著
荀子	〔战国〕荀子　著
庄子	〔战国〕庄周　著
鬼谷子	〔战国〕鬼谷子　著
楚辞	〔战国〕屈原　著
诗经	张晓琳　注析
周易	任宪宝　编著
尚书·礼记	高　山　译注
大学·中庸	高　山　译注
四书五经	〔春秋〕孔子　等著
左传	〔晋〕左丘明　著
黄帝内经	〔上古〕黄帝　等著　赵建佳　译
本草纲目	〔明〕李时珍　著
唐诗三百首	〔清〕蘅塘退士　编选
宋词三百首	〔清〕上彊村民　编选
元曲三百首	郑红峰　注析
孙子兵法	〔春秋〕孙武　著
三十六计	张婷婷　编
资治通鉴	〔宋〕司马光　著
二十四史	高　山　主编
史记	〔汉〕司马迁　著
古文观止	〔清〕吴楚材　吴调侯　编选
山海经	王馨苑　编著
三字经 百家姓 千字文 弟子规	弘丰　编著
唐宋八大家散文鉴赏	弘丰　编著
茶经·续茶经	〔唐〕陆羽　著

菜根谭	〔明〕洪应明　著
纳兰词	纳兰容若　著
人间词话	王国维　著
了凡四训	〔明〕袁了凡　著
世说新语	〔南朝宋〕刘义庆　著
传习录	〔明〕王阳明　著
声律启蒙·笠翁对韵	〔清〕车万育　李渔　著
中华上下五千年	张婷婷　编
中华成语典故	胡丽敏　编著
小学生必背古诗词	田凯　编著
初中生必背古诗文	周香英　编著
三国志	〔晋〕陈寿　著
中国通史	吕思勉　著
红楼梦	〔清〕曹雪芹　高鹗　著
水浒传	〔明〕施耐庵　著
三国演义	〔明〕罗贯中　著
西游记	〔明〕吴承恩　著
封神演义	〔明〕许仲琳　编
东周列国志	〔明〕冯梦龙　著
隋唐演义	〔清〕褚人获　编
聊斋志异	〔清〕蒲松龄　著
儒林外史	〔清〕吴敬梓　著
镜花缘	〔清〕李汝珍　著